基于认知无线电的频谱感知与检测技术研究

初广前　曹　燕　吴伟陵　著

中国水利水电出版社
www.waterpub.com.cn
·北京·

内 容 提 要

随着无线通信的迅猛发展，有限的频谱资源变得越来越紧张，另外传统的固定频谱分配政策也导致频谱利用率低下。提高频谱利用率是第五代移动通信亟待解决的重要课题，认知无线电作为提高频谱效率的关键技术得到了越来越多的关注。

本书阐述了频谱感知与检测技术，全书共分 6 章，第 1 章介绍研究背景、认知无线电技术和认知无线电网络，第 2 章介绍频谱感知技术和相关理论基础，第 3 章介绍多天线场景下的协作频谱感知技术，第 4 章介绍多用户、多天线场景下的协作频谱感知技术，第 5 章介绍单天线场景下的非协作频谱感知技术，第 6 章介绍研究工作的总结和展望。

本书可以作为研究第五代移动通信、认知无线电和认知无线电网络的专业技术人员的参考书，也可以作为该方向的技术人员的参考资料。

图书在版编目（CIP）数据

基于认知无线电的频谱感知与检测技术研究/初广前，曹燕，吴伟陵著. —北京：中国水利水电出版社，2020. 12（2024. 10重印）

ISBN 978-7-5170-9047-2

Ⅰ. ①基… Ⅱ. ①初… ②曹… ③吴… Ⅲ. ①无线电技术—频谱—研究②无线电技术—检测—研究 Ⅳ. ①TN014

中国版本图书馆 CIP 数据核字（2020）第 208804 号

书　　名	基于认知无线电的频谱感知与检测技术研究 JI YU RENZHI WUXIANDIAN DE PINPU GANZHI YU JIANCE JISHU YANJIU
作　　者	初广前　曹　燕　吴伟陵　著
出版发行	中国水利水电出版社 （北京市海淀区玉渊潭南路 1 号 D 座　100038） 网址：www. waterpub. com. cn E-mail：sales@ waterpub. com. cn 电话：（010）68367658（营销中心）
经　　售	北京科水图书销售中心（零售） 电话：（010）88383994、63202643、68545874 全国各地新华书店和相关出版物销售网点
排　　版	京华图文制作有限公司
印　　刷	三河市元兴印务有限公司
规　　格	170mm×240mm　16 开本　9. 75 印张　198 千字
版　　次	2021 年 1 月第 1 版　2024 年 10 月第 3 次印刷
印　　数	0001—2000 册
定　　价	52.00元

前　　言

电磁频谱是稀缺的自然资源。随着无线通信技术，第五代、第六代移动通信技术的发展，无线频谱资源短缺的矛盾日益加剧，而无线频谱固定分配的机制进一步加剧了电磁谱供不应求的矛盾。频谱这种用命令方式分配的机制是导致频谱利用率在时间和空间上较低的根本原因。授权无线频谱相对较低的利用率表明当前的频谱短缺主要是由于被授权的无线频谱没有得到充分的利用，而不是无线频谱真正的物理短缺。严重的无线频谱短缺困境，迫切期望一种新的技术产生，以解决当前无线频谱资源供不应求的矛盾，在这种背景下，认知无线电技术诞生。

频谱感知是认知无线电实现其功能的基础，在前人探讨的研究总结上，进一步研究了认知无线电频谱检测方法，主要研究内容及创新如下：

第 1 章介绍了本书的研究背景和认知无线电技术、认知无线电网络的概念以及本书的研究内容、创新点、组织结构。

第 2 章介绍了频谱检测和协作频谱检测的概念以及本书涉及的相关数学理论，包括卡尔曼滤波理论、留数理论、信息熵理论和信息不增性原理。

第 3 章基于 MGF（矩母函数）的方法，研究了 $\kappa-\mu$ 衰落信道和 $\eta-\mu$ 衰落信道单天线与多天线频谱感知。

第 4 章研究了多用户多天线协作的频谱感知与检测，提出了两步复合协作频谱感知与检测技术。

第 5 章研究了两种非协作频谱检测技术：一是基于小波分析的认知无线电频谱检测技术；二是基于卡尔曼滤波的稀疏阶估计技术。

第 6 章总结了本书所讲内容，展望了未来的研究工作。

本书由山东交通学院初广前、山东宝利好医疗器械有限公司曹燕和北京邮电大学吴伟陵共同完成。本书的出版得到山东交通学院博士科研启动基金项目——基于异构无线通信网频谱效率提高技术研究（项目编号：BS201902037）和山东交通学院院基金项目——移动通信频谱检测和动态频谱接入关键技术研究（项目编号：Z201923）的资助，在此表示感谢！

由于时间仓促，加之作者学识和水平所限，书中难免存在疏漏和不足之处，恳请读者不吝赐教！

初广前

2020 年 5 月

缩 略 语 表

5G	the 5-th generation	第五代
6G	the 6-th generation	第六代
AWGN	additive white Gaussian noise	加性白高斯噪声
BP	basis pursuit	基追踪
BER	bit error rate	误码率
CR	cognitive radio	认知无线电
CRN	cognitive radio network	认知无线电网络
CSS	compressed spectrum sensing	压缩频谱感知
CSS	cooperative spectrum sensing	协作频谱感知
ED	energy detection	能量检测
EGC	equal gain combining	等增益融合
GP	gradient projection	梯度投影
IEEE	Institute of Electrical and Electronics Engineering	电气电子工程师协会
ITU	International Telecommunication Union	国际电信联盟
KF-SAMP	sparsity adaptive matching pursuit with Kalman filtering	卡尔曼滤波稀疏自适应匹配追踪
MGF	moment generating function	矩母函数
MMV	multiple measurement vectors	多测量
MP	matching pursuit	匹配追踪
MRC	maximum ratio combining	最大比结合
OFDM	orthogonal frequency division multiplexing	正交频分多址
OMP	orthogonal matching pursuit	正交匹配追踪
PDF	probability dense function	概率密度函数
QoS	quality of service	服务质量

ROMP	regularized orthogonal matching pursuit	正则化正交匹配追踪
SA	single antenna	单天线
SAMP	sparsity adaptive matching pursuit	稀疏自适应匹配追踪
SC	selection combining	选择式合并
SDR	software define radio	软件定义无线电
SLC	square law combining	平方律组合
SLS	square law selection	平方律选择
SMV	single measurement vector	单测量向量
SNR	signal noise ratio	信噪比
SOE	sparse order estimation	稀疏阶估
SP	subspace pursuit	子空间追踪
SS	spectrum sensing	频谱感知
WE	wavelet entropy	小波熵
WED	wavelet entropy detection	小波熵检测
WLAN	wireless local area network	无线局域网
WPE	wavelet packet entropy	小波包熵
WPED	wavelet packet entropy detection	小波包熵检测
WPT	wavelet packet transform	小波包变换
WPTD	wavelet packet transform detection	小波包变换检测
WT	wavelet transform	小波变换
WTD	wavelet transform detection	小波变换检测
ISI	inter symbol interference	码间干扰
ICI	inter carrier	载波间干扰
WRAN	wireless regional aera network	无线区域网络
DIMSUMnet	dynamic intelligent manament of spectrum ubiquitin mobile network	移动通信网络频谱智能管理
NG	next generation	下一代网络
SP	spectrum pooling	频谱池
DNPM	dynamic network planning manament	动态网络规划管理
ASM	advanced spectrum manament	高级频谱管理
JRRM	joint radio resource manament	联合资源管理

BS	base station	基站
CPE	customer presies equipment	用户驻地设备
FDMA	frequency division multiple access	频分多址
TDMΛ	time division multiple access	时分多址
CDMA	code division multiple access	码分多址
OCRA	OFDM-based cognitive radio	基于正交频分多址的认知无线电
UWAN	unlicensed wide area network	未授权的宽带网络
DAMA	demand assigned multiple access	按需多址
SH	spectrum hand off	频谱切换
SB	spectrum broker	频谱经纪人

目 录

第1章 绪论

1.1 研究背景

如今，第五代（the 5-th generation，5G）移动通信大规模商用已经开始，第六代（the 6-th generation，6G）移动通信技术的研发也已经启动。近年来，无线通信技术正在飞速地发展，呈指数爆炸式增长，其业务有电话业务、短信业务、图像、音频、视频和互联网数据等。另外，在网络上购物、用移动电话支付也已进入人们的生活。伴随着技术、业务和应用的发展与普及，移动电话用户数量迅猛增长，对电磁谱的需求也大大增加。据国际电信联盟的预测，到2020年初，移动通信对无线频谱的需求在1500 MHz左右，而现在仅有700 MHz，也就是满足需求的1/2左右[1]。因此，随着无线通信服务的扩张，对电磁谱的需求不断增长，无线电磁谱供不应求的矛盾日益加剧，而可用于无线通信的电磁谱是一种有限的不能人为制造的稀缺自然资源。综上所述，电磁谱短缺的问题如果得不到有效解决，将阻碍和制约无线通信的健康发展，成为无线通信持续发展的“瓶颈”。

无论何种技术，都无一例外地以无线频谱为支撑，无线频谱作为一种有限的不可再生的资源，在无线技术越来越发达、无线应用越来越广泛的今天，已经变得极为宝贵。目前，各国的频谱分配政策和方法大同小异，普遍采用所谓的“静态分配”方式：将频谱划分为不相互重叠的多个部分，分别分配给不同的使用者，称为授权频段。而其使用者被称为授权用户，对授权频段具有独占权，其对授权频段的利用具有排他性。但经过几十年的发展，这些频谱资源的使用情况令人失望。美国联邦通信委员会的调查报告显示，在不同的地理位置和时间区间内，授权频段利用率在15%~85%波动。

当前，无线频谱基本上由各国政府部门进行管理和分配。在美国，频谱的管理和分配隶属于联邦通信管理委员会。在中国，由国家无线电管理局对频谱进行管理和分配。世界上的其他国家和地区的频谱管理也采取类似的管理和分配模式。目前，我国无线频谱分配如图 1-1 所示，美国无线频谱分配如图 1-2 所示。

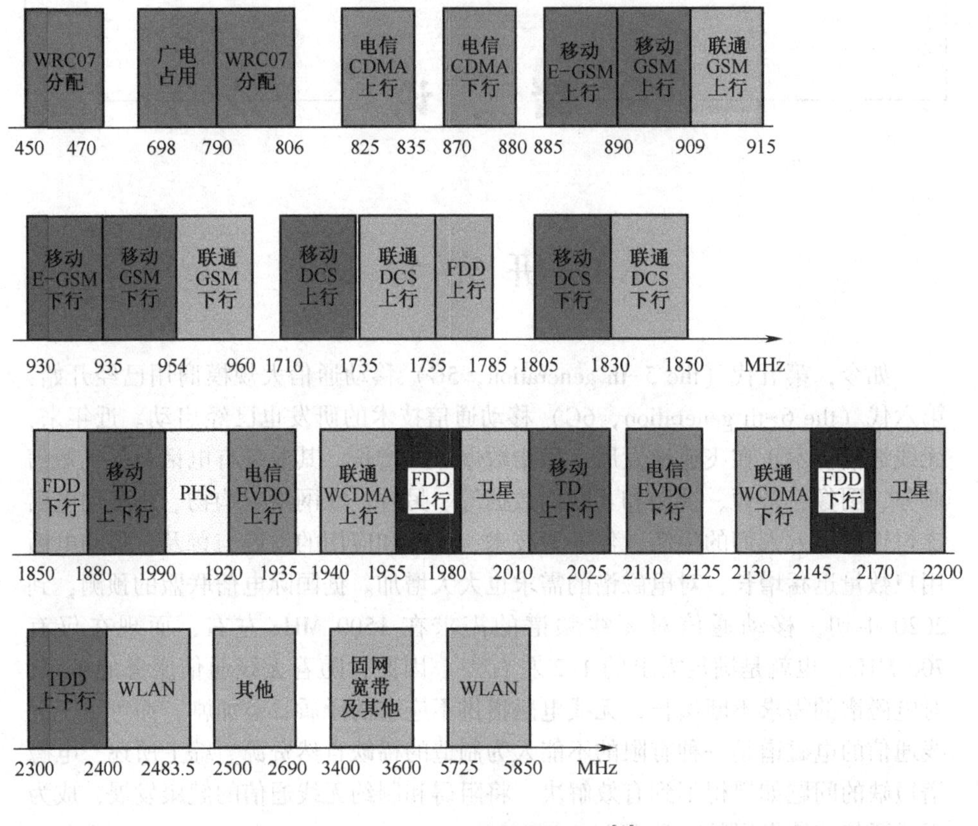

图 1-1　我国无线频谱分配[2]

由图 1-1 和图 1-2 可以看出，当前的无线频谱分配政策是私有制模式的分配格局，即把电磁谱进行分配，不同的频谱分配给不同的用户，用户对分得的授权频段有独享的使用权。当前，绝大部分可用于无线通信的频谱资源已被瓜分殆尽，剩余可用于无线通信的频段寥寥无几，不能为新业务提供足够的频谱资源。

另外，频谱资源管理机构对无线电磁谱的使用情况进行了实际调查。例如，测量某六个地方的平均频谱占用率如图 1-3 所示，从图 1-3 可以看出，有较高频谱利用率的只有少数频段，绝大多数授权频段只有较低的频谱利用

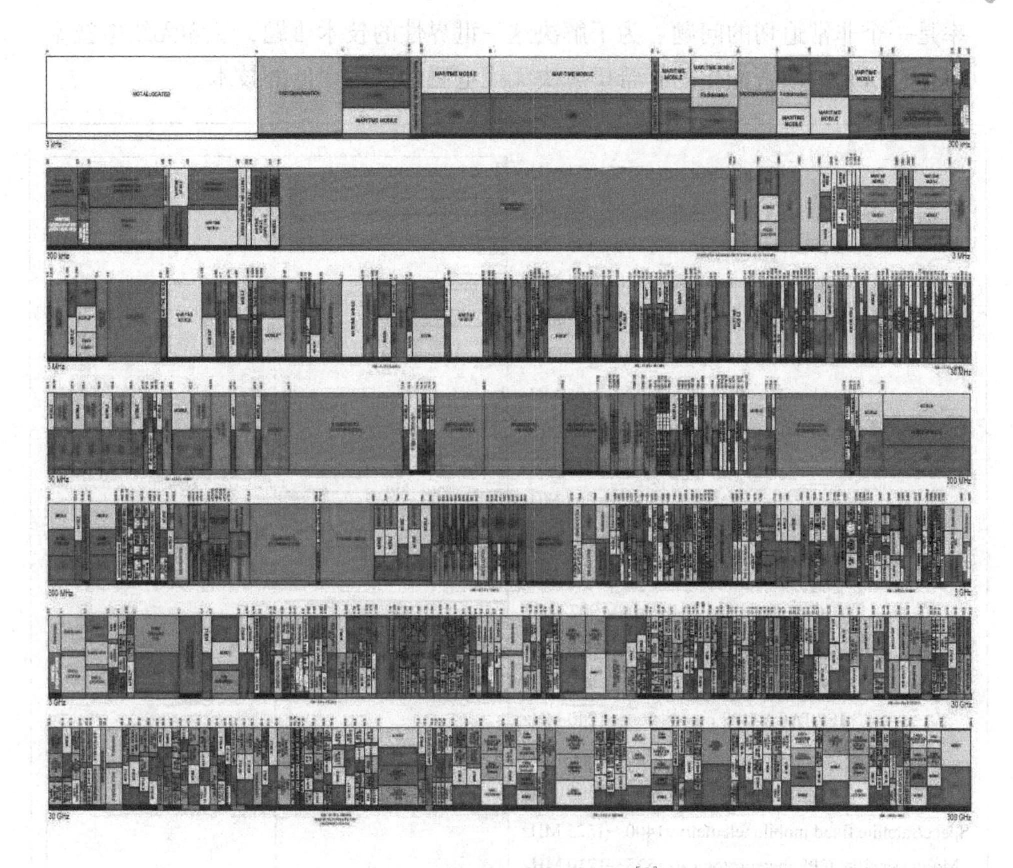

图 1-2 美国无线频谱分配[2]

率，甚至有的授权频段一直被闲置[3]。某地区 900 kHz~1 GHz 的频谱使用情况如图1-4所示，从图 1-4 也能够看出，有较高利用率的是少数频段，绝大多数授权频段只有较低的使用率，部分地区利用率不足 5%。

当前，无线电磁谱短缺是一个全球性问题，在此背景下，出现了认知无线电技术，它是一种智能化的技术，能够实现频谱动态管理[4-8]。

因此，造成当前无线电磁谱供不应求的因素有两个：一是爆炸式增长的无线业务量，需要越来越多的频谱；二是私有制方式的分配模式，导致大量电磁谱没有得到充分利用。

无线电磁谱供应不足是一个全球性的重大问题，现有的无线电磁谱的私有制分配模式，导致了频谱在时间和空间上的浪费，已经引起了业界和学术界的高度关注。在这种紧迫形势下，怎样设计出一种频谱共享机制来提高频谱利用率是一个非常迫切的问题。为了解决这一世界性的技术难题，认知无线电技术诞生，这是一项智能化的有希望解决无线电磁谱利用率低的技术。

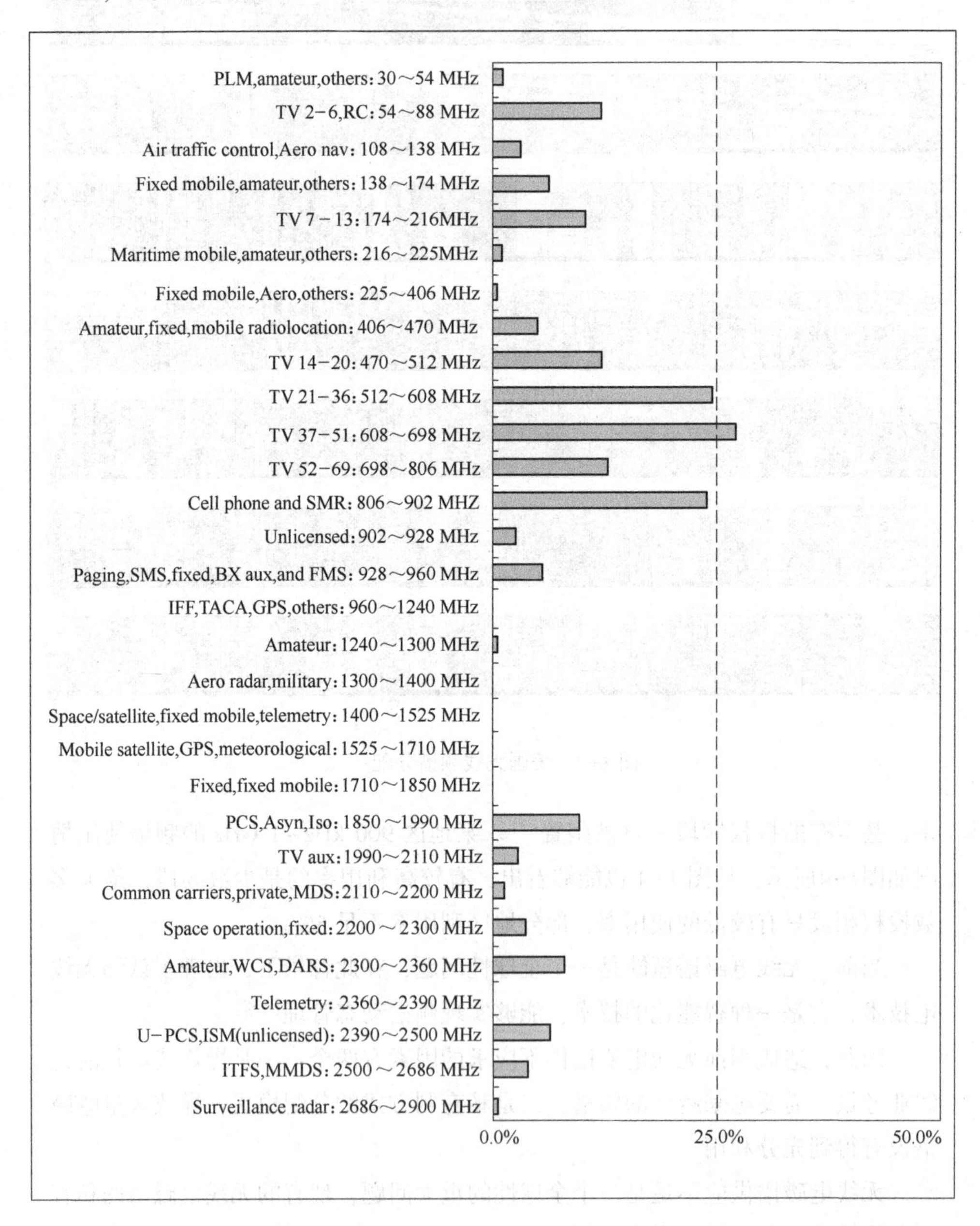

图 1-3 某六个地方的平均频谱占用率[3]

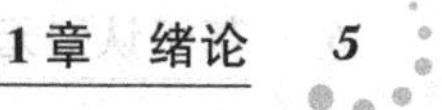

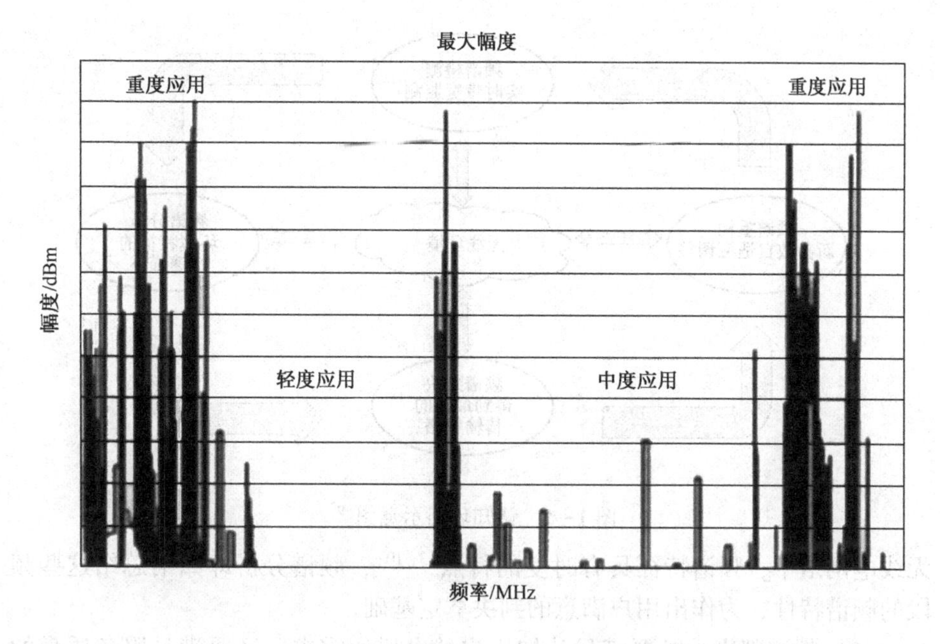

图 1-4　某地区 900 kHz~1 GHz 的频谱使用情况

1.2　认知无线电技术

1.2.1　认知无线电

认知无线电（cognitive radio，CR）的概念首先由 Joseph Mitola 博士在 1999 年提出[9]，在其随后的博士论文中，他将 CR 定义为能够连续不断地对外界无线电环境的各种信息进行主动认知，且对这些信息进行全面综合分析、深度学习和合理判断，并与其他认知无线电设备进行智能通信，来完成自我重配置，实现可靠的通信[10]，以提高频谱效率[11]。认知无线电和软件无线电的最大区别是智能性[12]。

认知无线电有四个基本功能：频谱检测、频谱分析、频谱判决和频谱重构。认知环示意图如图 1-5 所示。

（1）频谱检测：是认知无线电的首要和基础功能，一方面，发现频谱空穴，找机会接入；另一方面，检测主用户的随时出现，避免干扰主用户。

（2）频谱分析：分析频谱空穴的各种参数，对其特征进行估计。在认知

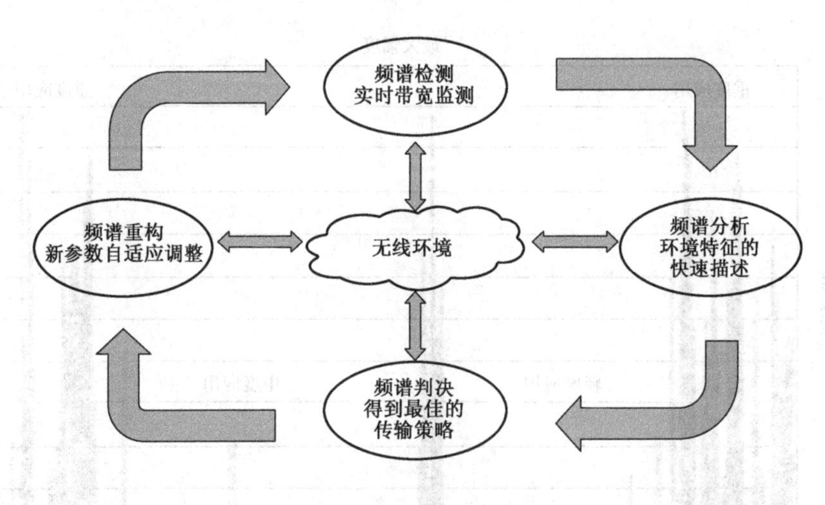

图 1-5 认知环路示意图[9]

无线电网络中，频谱特征具有时变的特点[3, 10]，频谱分析即归纳总结这些频段的频谱特性，为作出用户满意的判决奠定基础。

（3）频谱判决：既要满足认知用户的电磁谱需求，又要满足服务质量的要求，确定认知用户的工作频率的大小、传输时间长短和通信方式等参数[9,10]。

（4）频谱重构：对认知用户相应的通信参数，如工作频率、传输时间等进行动态的调整。当主用户的行为发生变化时，认知用户进行频谱重构，从而提供最佳的通信环境。

1.2.2 认知无线电技术的应用

认知无线电技术对未来无线通信特别是移动通信将产生巨大影响。认知无线电是一种智能无线电，认知无线电具有优化无线资源、环境感知泛在通信网、对称认知无线电通信系统和提高应急通信和网络灾难恢复能力等应用。

1. 无线资源的优化

通过学习知识，认知无线电具有以下作用：获得信道衰落特性、信道噪声等知识；获得多维信道空间知识，用来调整各种参数；获得传输业务类知识；获得网络知识，以减小网络延迟，尽量地减少网络的超负荷[13]。

在传统的无线网络里，无线资源有频谱、硬/软件、网络基础设施以及功率等。在 CR 网络里，增加了一种新的无线资源——知识。为提高通信质量，除了对这些无线资源进行优化外，CR 在干扰抑制、链路自适应等经典无线课题中的应用也值得关注。

2. 提供智能服务

基于CR的智能无线网络可实现任何维度无限制的无线通信，即无处不在的链接超越异构网络、频谱多样性、各种地域界限以及不同的通信规则与管制政策等多种限制，构成最高级的自适应系统。从目前的技术发展水平来看，尽管这种理想的智能网络还难以实现，但CR所具备的频谱捷变以及协议独立等特点，使得构建多频段环境下提供无缝系统操作的软件定义无线电（software define radio，SDR）平台成为可能，为智能服务带来潜在的解决方案。下面分别举例介绍CR在个人服务、公共服务及军事方面的应用[13]。

（1）个人服务。①家庭办公环境：目前在家里高效工作的需求越来越迫切，家庭与办公室间的界限正在逐渐消失。②学校环境 ：当孩子开始上学后，安全成为一个主要问题，可以在孩子身上安装短程跟踪装置，中央控制可以安装在家中或老师的办公室中。认知跟踪节点可以智能地捕捉孩子的位置信息。当孩子离开指定的范围时，认知传感器可以立即向基地传送消息，这样家长或老师就可以采取相应措施。认知跟踪节点也可以根据行为的变化，如哭或尖叫，配备相应的应急通道。③办公室环境：在办公室环境中，CR可以根据预先设定的优先级优先连接某个无线电网络。

（2）公共服务。CR能够给目前的公共安全及灾难应急系统的处理能力带来根本的改善，下面讲述一些主要的应用。①应急管理或灾区重建：通信对于开展应急和救灾行动是至关重要的。近年来，通信系统往往在人们急需时不能满足要求。原因可能是部分或全部通信系统设施的崩溃、极端环境条件的改变以及其他因素。②消防服务：消防队员在许多灾害现场都扮演着十分重要的角色。野外灭火、结构防火、损坏控制、救助作业、净化活动以及禁区（由于火灾相关灾害）的安全管理都是他们的职责。通信需求将因环境及情况的不同而不同。③搜索和救援：在一个典型的搜救环境中，CR能够将救援人员和被困者在没有中央控制的情况下建立通信。CR的GPS（global positioning system，全球定位系统）功能在需要准确检测救援人员位置时能派上用场。与此同时，如果可用频谱空穴中的一个特殊信道用于短距离通信，这个信道对于被困者来说就像一盏明灯，救援队员能够发现这盏明灯从而找到被困者。④预防犯罪：警察局和联邦调查局等政府的预防犯罪部门在使用CR后会十分受益。这些部门命令的执行主要依据为刑事鉴定和调查建立的公共安全档案信息。这种信息可能包括被盗物品（如枪支、汽车、卡车、磁轨及工业器械）、嫌疑人指纹、图片、嫌疑人照片等档案以及犯罪历史档案。除了信息本身，确保安全地传送信息而不被未经授权的人得到或中断传输也是至关重要的。当前的无线通信应用无法提供这种先进的服务，但是CR可以。

（3）军事方面。目前在CR的所有应用中，军事也许是最重要的领域之一。在这个领域里，CR的各方面都得到了应用。SDR、SPEAKeasy、联合战术无线电系统（JTRS）都采用了CR的概念。此外，CR在干扰和反干扰领域也具有重要的应用价值。

3. 农村地区的应用

农村地区人口密度低，现有的不需使用许可的业务，比如无线因特网服务提供商、无线局域网等在目前的无线法规规定的功率限制下，在农村地区不能提供充分的信号覆盖。在农村地区，频谱并没有被高效利用，因而在不对法定业务干扰的情况下，采用认知无线电技术在农村地区提高这些业务的传输功率是可行的。

4. 频谱第二市场的应用

美国联邦通信委员会（Federal Communications Commission，FCC）已经分布采取了措施，允许和促进频谱用户通过签订由市场驱动的频谱租赁协议接入需要使用许可的频段。目前在许多无线电业务中，频谱使用权拥有者可以自由地与想接入该频段的频谱用户达成资源协议。此时，认知无线电能够在技术方面使双方更容易达成协议。潜在的频谱承租方识别可用频谱的能力以及与法定用户协商的能力，即接入机制的能力对频谱第二市场行为的成功与否至关重要。

5. 环境感知泛在通信网

由于无线通信技术是一个不断发展的过程，在这个过程中，陆续出现了各种不同的接入网络，为了同时满足不同用户的多种需求，未来的通信网络必须能够实现异构网络间的协同通信，在这种环境感知泛在网络通信中，认知无线电技术是构建环境感知泛在通信网的关键技术[13]。

由于历史的原因，现阶段存在多种不同的接入网络，如WLAN、WiMax、蜂窝通信网络和卫星通信网络等。尽管这些网络各具优势，能够在数据传输速率、覆盖范围或支持终端的移动性等某一方面或多方面满足用户的需求，但目前还没有一种网络能够同时达到所有这些方面的需求。因此，为了同时满足不同用户的多种应用需求，未来的通信网络必须要具有将各种网络统一到一个信息平台上的能力。其中一种可能的方案是由终端实时感知所处周围的电磁环境，自适应地调整到当前能够为其提供最优业务和最好服务的网络上，这就是异构网络间的协同通信。显然，通过异构网络间的协同通信是完全可以构建一个无处不在的泛在通信网络的，在这种环境感知泛在通信网络中，首先要求终端应该有较高的智能性，这是实现的前提。其次，终端要能够在不同的接入网络间进行无缝的切换和漫游。由此可见，认知无线电技术是构建环境感知泛在通信网络的关键技术。基于认知无线电技术的环境感知泛在通信网络可使移动用户在不增加新投入的情况下随时接入更优的网络，享受更好的服务。

6. 对称认知无线电通信系统

当前，无线频谱资源的私有制分配方式占主导，而且在短时间内不会有大的变化。在目前的认知无线电系统中，授权用户具有绝对的优先权使用授权频段，未来的无线电通信系统是一个不存在授权频段的系统，基于频谱感知，选择适当的空闲频谱进行通信[13]。

人们希望下一代通信网络是一种可以融合各类业务的大通信平台。对于未来的通信网络，国际电信联盟、3GPP（第三代合作伙伴项目计划）和3GPP2等从电信网络的角度，因特网工程任务组等组织从IP（网络之间互连的协议）分组网络的角度已分别进行了相关描述。尽管这些组织的描述各有不同，但以IP技术为基础，通过在各种不同接入网络间引入协同通信来为用户提供各种电路交换和分组交换业务则是它们的共性。目前的研究热点是IP多媒体子系统（IMS）。IMS基于软交换技术，可消除各类运营商之间存在的差异，实现业务的融合，从而为用户提供各类业务，如固定业务和移动业务、实时电路业务和非实时数据业务等。

但是，从目前的研究和商用情况看，无线频谱资源还是以固定授权分配方式为主流，而且可以说在相当长的一段时间内都不会发生变化。虽然感知无线电技术是对当前这种频谱固定分配方式的一种有益的补充，可以充分提高频谱资源的使用效率。但实际上，在现有的CR系统中，LU用户对频谱的使用具有绝对的优先权，所以这其实是一种非对称的系统设计。为了方便，称目前的这种系统为非对称的感知无线电系统。但从信息论角度出发，这种非对称有损系统的容量，而随机化、自适应的状态才有可能达到系统的容量。因此，随着感知无线电基础理论和关键技术的成熟，单纯从技术的角度出发，应该存在一种对称感知无线电系统，不存在授权用户的系统，即所有用户均不再分配有固定的授权频谱，而皆是基于频谱感知来选择适当的空闲频谱进行通信。尽管对称感知无线电系统的可行性还有待进一步考证，但这将是在关于非对称CR系统研究基础上的一种新探索，或许这将会对未来的无线通信系统产生重大影响。

7. 提高应急通信和网络灾难恢复能力，应对灾难和灾害的发生

当前，全球一系列重大突发事件频频爆发，给人类社会造成了重大损失。加强国家应急能力建设，建立一个迅速、科学、有效的突发事件预警机制和紧急反应机制，成为当前世界各国研究的重要课题。应急无线通信网络为这种机

制提供有力的支持。当灾难发生时，通信网络（有线网络和无线网络）可能会遭到灾难性的破坏（如地震、战争、飓风等）。目前无线通信基本上由低功率移动台（如手机）和基站组成。当灾区被严重破坏时，基站信号变弱甚至无信号。与此同时，灾区通信量急剧增加而造成网络拥塞。例如，不仅语音业务量增大，视频会议、远程数据访问和灾区现场监测等数据业务也随之增加。如何在灾后建立一个宽带应急无线网络通信系统成为一个亟待解决的问题。目前已有的应急网络并不能保持通信畅通。2001 年，美国“911 事件”发生后，电话业务量剧增，导致语音通信阻塞。政府应急部门不能迅速了解灾难信息，延迟了应急响应而使损失加大。我国四川省汶川大地震发生后，由于有线和无线网络损坏严重，气候恶劣，灾区受灾情况不能被及时了解[13]。

因此，灾难发生后，灾区应急通信成为一个对称认知无线电系统，从而解决灾区频谱资源稀缺的矛盾，为灾后提供有效的、可靠的通信。

随着认知无线电终端技术的发展，未来无线网络中的 CR 终端能够接入现有的主要无线网络环境。相比现在单频段的终端，CR 终端可以通过自身具有的重配置功能在多种异构网络间无缝漫游，从而实现异构网络融合。同时，多频段 CR 终端又可以通过易购网络间的协同通信提高系统覆盖和容量。与此同时，异构网络中资源呈现多样化和多元化。资源分配成为关键问题。因此研究基于认知无线电已购网络融合，对构建下一代宽带无线通信网络结构具有很大意义。

8. 应用面临的挑战

如上所述，CR 在无线领域具有无限的应用潜力，但与此同时，CR 所面临的挑战也相当复杂[13]。

（1）首要面临的挑战是感知频谱空穴。若将信噪比作为频谱可用性的唯一因素，很可能出现监测错误。另外，CR 用户需要在授权用户再次出现时立即返还频谱，识别频谱切换与处理所需要的确切时间也很具挑战性。

（2）CR 用户可能会在不同时间/地点接入频谱并传输信号，频谱管理任务复杂。例如，评估可用频谱是否当前传输需求，以及从多个可得频谱中选择合适的频带等。

（3）在同一个频带内同时存在多个用户时（如 ISM 频带内的多个用户），需要控制每个用户传输信号的功率级别以减少不必要的干扰。在这种情况下，还必须采用加密和编码技术来确保信息的隐私保护。

（4）在网络方面，也有许多问题需要考虑。最佳路由的确定与维护、高效的网络队列管理、控制信道的建立以及跨层优化等都是极大的挑战。CR 用户的移动性也增加了动态网络配置的挑战。此外，对 CR 用户机会频谱使用的计费也是一个大问题。授权频谱服务是通过一个预先建立的计费机制提供给消费者。为了避免频谱不必要的开发以及减少对授权用户的不公平，现存的价格机制需要对CR用户的使用出台一系列规则。

(5) 随着认知智能的增加，硬件复杂性也急剧增加。因此，硬件设备的能力及复杂性可能会对CR应用的实现带来很大困难。SDR或许是解决该问题的第一步。此外，为了实现跨越地理范围的无处不在的链接，CR用户还需动态地遵守地理疆界之间政策与规定的变化。

(6) 认知无线电的实现，使得我们日常生活中的无线通信更加舒适便捷。然而还值得注意的是，使用如此多数量和种类的无线电设备可能会对我们的健康造成一定的伤害。为了解决这些与健康有关的问题，还需要开展更多的相关医学研究，使CR能够更好地造福人类。

1.2.3 认知无线电技术的研究意义

认知无线电技术的研究意义包括以下几个方面：

(1) 理论意义：研究对已经分配频谱的重复利用，提高频谱利用率和使用效率，为频谱的合理规划与使用及未来高速移动通信系统的设计提供理论依据和技术指导。

(2) 经济意义：使用CR技术，无须再申请固定的频谱，可提高通信系统的智能性、灵活性和实用性，降低运营商和用户消费成本，创造更高的经济效益。

(3) 国防军事意义：使用CR技术，系统的工作频率随环境的变化而变化，可提高通信系统的保密性，这一点在军事通信、国防安全中更具重要意义。

1.2.4 认知无线电标准化进展

美国电气电子工程师协会（Institute of Electrical and Electronics Engineering，IEEE）、国际电信联盟（International Telecommunication Union，ITU）、欧洲电信标准化协会和欧洲计算机制造商协会等是目前认知无线电标准制定的组织，认知无线电定义和测量标准由ITU-R WPs 1B和5A制定。IEEE积极参与了认知无线电技术标准化推进，相关工作由IEEE SCC41和IEEE 802工作组承担。

第一个认知无线电技术标准由IEEE 802.22制定。基于802.22协议的无线区域网络（wireless regional area network，WRAN）被用于在无干扰的基础上利用那些未被使用的广播电视频段，主要应用在农村和偏远地区，以及人口密度低、服务困难的地方，实现无线宽带接入，性能要能与那些在城市和城郊地区使用的固定宽带接入技术相媲美。由于农村人口密度低且宽带接入不方便，所以促使 FCC 加速了为现有网络技术难以覆盖地区提供宽带接入的新技术的研究，同样 WRAN 在不发达的南美洲、非洲、亚洲也适用。事实上，为农村和偏远地区提供宽带接入需要新的网络具有较大的覆盖面，是 FCC 选择电视频段的主要原因，因为该频段有特别适合偏远地区用户使用的传递特性。另外，如果大多数家庭和商业用户都依赖光纤与卫星实现电视服务，那么美国许多地区大量的电视频道都没有使用，造成了资源的浪费。最后，至关重要的一点是，用于电视频段的 802.22 设备不需要牌照，这将进一步降低成本，从而提供一个可负担得起的服务。然而，这并不是说 802.22 的应用和市场仅限于农村与偏远地区。实际上还有许多其他可利用 WRAN 的市场目标，包括个人家庭住户、多聚居单元、SOHO（居家办公）、小商业用户、多用途写字楼以及工作场所和目标。相信基于 CR 的技术必将为现有的各种无线通信系统带来新的发展机遇。

认知无线电的思想就是利用具有认知能力的设备，发现空闲频谱并合理地利用空闲频谱。IEEE 802.22 是第一个基于认知无线电技术的标准，WRAN 系统针对具体的应用场景给出了在不干扰授权用户的前提下，为用户提供高质量和可靠的网络接入服务。IEEE 802.22 草案的制订目前也给系统的实现提供了很多可选方案。

2004 年 10 月，IEEE 正式成立了 IEEE 802.22 工作组，这是第一个世界范围的基于认知无线电技术的空中接口标准化组织。WRAN 系统工作于 54～862 MHz的 VHF/UHF 频段上为使用的 TV 信道，工作模式为点到多点。该工作组的目的是利用认知无线电技术分配给电视广播的 VHF/UHF 频带用作宽带接入。

为了与 TV 频道的授权用户共存，802.22 系统的物理层和 MAC 层（介质访问控制层）协议应该允许基站根据感知结果，动态调整系统的功率或者工作频率，还应包括降噪机制，从而避免对 TV 频道的授权用户造成干扰。

1.3 认知无线电网络

1.3.1 认知无线电网络概念

随着认知无线电体系结构的不断完善，在认知无线电技术的基础上，学者们提出了认知无线电网络（cognitive radio network，CRN）的概念[14]。CRN 因其具有智能地使用频谱资源，提高电磁谱利用率，引起了专家学者的高度关注。与传统无线网络结构不同的是，认知无线电网络由两个网络组成：一个是主网络，另一个是次网络。

认知无线网络的特征是具有认知功能，把认知无线电与无线网络相结合，对无线电环境进行主动认知，认知当前的无线环境、无线网络用户特征，根据这些网络状态，进行重构响应，而且，认知无线网络在认知过程中不断学习，更新已有的经验和知识，并将学习的结果储存起来用于后续决策。

随着认知无线电技术的发展，组建 CRN 已势在必行。CRN 因其具有动态、灵活、智能地使用频谱资源，提高频谱利用率的特点，得到了广泛的关注。目前学术界和工业界已提出了一些针对不同应用与环境的 CRN。

1.3.2 现存认知无线电网络

1. 认知 Ad Hoc 网络

认知 Ad Hoc 网络是一种分布式的网络，不需要网络基础设施的支持，网络中的每个节点都可以实时地对空闲频谱进行感知，既能提高频谱利用率，又能适用于临时通信、应急通信等特殊场合[13]。

认知 Ad Hoc 网络与传统的 Ad Hoc 网络有很多相同点，也有很多不同点。其相同点是：①两者都是分布式的多跳、移动、自组织网络；②无中心节点、所有的节点地位平等，其中的节点可以随时加入和离开网络，任意节点的故障不会影响整个网络的运行；③多跳路由，每个节点都有路由和转发功能；网络的拓扑结构动态变化；④移动节点的局限性，节点的能源、CPU（中央处理器）处理能力、内存等受限；⑤安全性差，由于采用无线信道，有限电源、分布式控制等技术，它更容易受到被动窃听、主动入侵、拒绝服务等网络攻击。其不同点是：①在频谱方面，认知 Ad Hoc 网络中由于授权用户的“出现”和“消失”不断地变化，自然环境和人为的干扰，使得节点的可用频谱集随时间和空间不断变化，且变化频繁，而传统 Ad Hoc 网络中各节点的可用频谱集相同且是固定不变的；②在设备方面，认知 Ad Hoc 网络中各个节点具备认知功能，能够实时地进行频谱和授权用户检测，同时由于增加了频谱检测能力，节点设备的能量消耗将更大，而传统 Ad Hoc 网络则没有；③在网络拓扑方面，认知 Ad Hoc 网络中网络拓扑的动态变化主要是由节点的可用频谱集的变化和节点的移动性造成的，且节点间存在更复杂的合作和竞争关系，而传统 Ad Hoc 网络中网络拓扑的动态变化主要是由节点的移动性造成的。

2. 认知 Mesh 网络

认知 Mesh 网络是一种新型的无线宽带接入网络，它融合了无线局域网和

Ad Hoc 网络的优势，具有自组织、自修复、多跳级联、移动宽带等特点，是一种大容量、高速率、覆盖范围广的网络。然而随着网络密度的逐渐增大和吞吐量需求的不断增加，无线 Mesh 网络需要更高的容量来满足这些应用需求。而 CR 能够感知并利用周围无线环境中的空闲频谱，从而大大提高网络频谱的利用率。所以目前有些研究人员将 CR 与无线 Mesh 网络相结合，构建认知 Mesh 网络，这样能够有效减少网络拥塞，提高网络整体性能[13]。

目前，国内外对认知 Mesh 网络结构的研究主要有两种：认知无线 Mesh 网络和基于认知无线电的 Mesh 网络。认知无线 Mesh 网络是一种将频谱检测、频谱共享等一系列 CR 技术应用于无线 Mesh 网络所形成的网络。其设计目的是在不需要采用先进的硬/软件技术的情况下，尽可能利用商业上已经成熟的产品，如可在非授权频段工作的 IEEE 802.11 WLAN（无线局域网）网卡，将智能频谱感知能力加入标准 Mesh 网络场景中。基于认知无线电的 Mesh 网络是将 Mesh 结构应用于认知无线电网络所形成的网络。在认知无线电中，由于授权用户位置的差异性和出现的随机性，网络中节点的可用频谱集是随着时间和空间不断变化的，这样网络中所有 CR 用户之间就不一定存在全局公共信道。但是由于网络中临近 CR 用户之间存在本地公共控制信道，它是一种基于 Mesh 结构的认知无线电网络，其中 CR 用户机会式地利用检测到的频谱空穴。

3. 移动通信网络动态智能频谱管理

泛在移动通信网络动态智能频谱管理（dynamic intelligent management of spectrum ubiquitous mobile network，DIMSUMnet）是 Lucent Bell 实验室和 Stevens 理工学院的研究人员提出的网络体系结构。DIMSUMnet 利用协调接入频段提高频谱的接入效率和公平性。此外，DIMSUMnet 的一个重要思想是引入了中心控制、区域网络级的频谱经纪人机制，从而在降低系统复杂度和灵活性要求的同时提高了频谱的利用率。目前，DIMSUMnet 的研究集中在两个方面：一是通过现有的 CDMA（码分多址）和 GSM 蜂窝网络频谱利用率大量的测量来研究通过协调动态频谱接入提高频谱利用率的可能性，二是研究宏蜂窝网络场景下频谱定价和分配算法[14]。

4. XG 网络

美国国防部高级研究计划署（DARPA）于 2003 年成立了下一代（next generation，XG）通信计划项目，其目的在于使美国军用通信设备能够检测环境的变化，并根据所处环境的频谱管理政策选择适当的频谱。其中，实现灵活的频谱分配是 XG 计划的主要目标之一，如何检测并描述无线电环境，辨认可用频谱以及合理分配频谱构成了整个 XG 计划频谱共享研究的核心。目前该项目着眼于开发 CR 的实际标准和动态频谱管理标准，将研制和开发频谱捷变无线电，这些无线电台在使用法规范围内，可以动态自适应变化的无线环境，在不干扰其他正常工作无线电台的前提下，使可接入的频谱范围扩大近10倍[13]。

XG网络的特点就在于高灵活性和高频谱利用率。高灵活性体现在XG网络的节点采用动态频谱接入技术，可以实时地适应实际应用中的各种无线环境，同时灵活多变的频谱使用方式也提高了XG网络的安全保密性，使它适应于军事需要。高频谱利用率体现在XG网络可以在不干扰授权用户正常工作的前提下使用空闲的授权频谱，充分开发和利用了当前利用率较低的授权频谱，极大地提高了频谱利用率，并且在一定程度上缓解了不断发展的无线业务对日益稀缺的频谱资源的需求。

5. WRAN

基于IEEE 802.22标准的无线区域网络是目前最为典型的认知无线电网络，它使用空闲的电视广播频道，在对电视信道不产生干扰的前提下，为农村地区、边远地区和低人口密度且通信服务质量差的市场提供类似于在城区或郊区使用的宽带接入技术的通信性能。2004年10月成立的IEEE 802.22工作组是第一个在世界范围内的基于认知无线电技术的空中接口标准化组织，其目标是对WRAN制定空中接口规范。它是首个把认知无线电技术由概念变为现实的标准[13]。

在WRAN的系统中，基站（base station，BS）和用户驻地设备（customer premises equipment，CPE）是主要实体，转发器是可选的实体，采用集中式的网络结构。在下行方向上，WRAN采用固定的点对多点星形结构，其信息传播方式为广播方式；在上行方向上，WRAN向用户提供有效的多址接入，采取按需多址（demand assigned multiple access，DAMA）和时分多址（time division multiple access，TDMA），即各CPE以传输需求为基础，根据DAMA和TDMA机制共享上行信道。用户通过与BS的空中接口接入核心网络，一个CPE可支持多个传输数据、语音和视频的用户网络的接入，通过BS可接入多个核心网络。在CPE与BS之间，系统可通过转发器进行转发。在任何情况下，BS提供集中式的控制，包括功率管理、频率管理和调度控制。

1.3.3 认知无线电网络关键技术

CRN与其他通信网络最大的不同是传输的媒介——无线频谱不是自有的，而是利用“频谱机会”进行接入。要实现机会接入首先要发现机会，主要通过采用频谱感知技术来感知频谱空穴并检测授权用户的出现；其次要利用机会，这涉及网络各层技术，包括物理层传输技术、无线资源管理、路由技术传输层协议及跨层设计及优化技术；此外，无论是发现机会还是利用机会的过程中，还会涉及网络的安全性问题。下面简要介绍各关键技术[13]。

1. 频谱感知

频谱感知是实现 CR 技术及应用、构建认知无线电网络的核心技术，也是保护授权用户免受有害干扰、提高认知无线电网络自身频谱资源利用率的重要前提[13]。

在认知无线电网络中，认知用户需要发现并机会式地利用周围无线环境中存在的可用频谱机会，实现对空闲授权频谱的动态接入。因此，作为认知无线网络核心技术的频谱感知技术，其目标是如何在保证授权用户免受有害干扰的前提下，实现对潜在频谱机会和再次出现授权用户的准确、快速检测。要实现这一目标，频谱感知技术面临一系列的挑战。

首先，一方面为了提高频谱资源利用率，希望用于频谱检测的时间能够尽量短，以使得可以有更多的时间用于传输数据；而另一方面为了准确地检测到频谱机会和及时地监测到授权用户的再次出现，不得不花费更多的时间用于频谱检测。因此，频谱感知技术的核心问题就是如何实现检测的有效性和检测准确性的合理折中。

其次，为了发现并识别微弱的授权信号，CR 用户需要具有较宽的动态检测范围和较高的检测灵敏度，但由于受到设备硬件条件、复杂无线传播环境等限制，如何利用数字信号处理技术、多用户合作分集及优化技术来实现硬件受限与衰落环境下宽频带范围的微弱信号的有效检测是 CR 频谱检测技术的又一难题。

最后，CR 对授权用户所产生的有害干扰主要体现为 CR 发射机对授权接收机处造成的有害干扰。

频谱感知是 CR 核心的关键技术。CR 通信的一个重要前提是具有频谱感知能力，要求能够在某时、某地准确感知是否存在空闲频段，以供 CR 用户使用；同时，还应随时监测是否有新的授权用户需要接入该频段，以使 CR 用户及时推出使用该频谱资源，避免对授权用户造成干扰。因此总结频谱感知的两大基本功能为：一是感知频谱空穴，充分利用所有频谱机会；二是检测授权用户出现，避免对授权用户造成干扰[13]。

由于 CRN 的特殊应用环境，频谱感知也有其自身的特点：①它不同于信号解调，频谱检测不需要恢复原来的信号波形，只需判断授权用户信号的有无；②它也不同于雷达检测，不能依据反射回波获得信号的信息，而只能被动地检测信号。因此，在 CRN 环境中，频谱感知的本质是 CR 用户对接收信号进行检测来判断某信道是否存在授权用户，其面临的最大困难就是实现授权用户微弱信号的准确快速检测。准确和快速分别体现了检测质量与检测速度两个目标，目前的研究也主要围绕这两个目标展开。

频谱感知技术与传统的信号检测技术有很大的不同：①空间维度上判决结果的处理。由于信号在空间中的传播，同时还存在地形、建筑阻挡等因素，认知无线电系统面临的授权用户信号并非在整个空间都均匀存在。②极高的灵敏度。灵敏度不高，会导致隐藏终端问题。③检测器噪声的不确定度。检测器的接收信号不仅有授权用户的信号，还有各种原因引入的噪声能量。

2. 无线资源管理

由于感知获得的频谱资源具有异质性和时变性，需要先进的无线资源管理技术对频谱资源进行有效管理。目前关于无线资源管理方面的研究包括以下内容[13]。

（1）频谱分析：通过宽频段的频谱感知所获得的可用频谱是异质的，即具有不同的频谱特征，如中心频率、带宽等，频谱分析主要用于分析这些异质频谱的特征。

（2）频谱决策：在分析可用频谱特征的基础上，为满足CR用户QoS（服务质量）的要求，在所有空闲的频谱带中为当前的传输选择出“质量”最好的工作频段。

（3）接入控制：由于授权用户接入信道具有绝对优先权，授权用户和CR用户主从式动态接入信道。接入控制的功能是确定CR用户是否可以接入网络及采用何种策略接入，是实现优化频谱分配的基本前提。

（4）频谱分配：受授权用户使用频谱的限制，CR可用频谱的数量和位置随时间在不断地变化，因此对于这些“不确定”的频谱资源进行优化分配本质上是一个受限的频谱分配问题。由于空闲频谱资源有限，CR用户之间需要竞争使用这些资源，且不同CR用户的优先级、QoS要求都不一样，所以CRN网络需要在保证优先级高的CR用户先得到服务的同时也要保证频谱资源不会被某些CR用户独占，即系统需要公平而有效地管理空闲频谱资源。因此，空闲频谱分配的主要目的就是根据CR用户的优先级、QoS等要求，公平而有效地分配一定数量的频谱资源，使得系统性能得到改善或逼近最优状态。

（5）功率控制：为了实现对授权用户干扰的最小化并最大化CRN系统吞吐量的目标，功率控制是无线资源管理的关键技术之一。由于CRN特殊频谱应用环境所致，与传统网络所区别，其功率控制的特点在于不论采用何种多址技术，首要避免的是对授权网络的有害干扰。这是CRN克服自身网络衰落与干扰，优化系统吞吐量的基本前提。

（6）移动性管理：由于CRN是机会式使用频谱资源，通常需要在高优先级的授权用户使用频谱时，无条件地退出对该频谱资源的占用，这就产生了一种新的切换，称为频谱切换。频谱移动性管理的主要目的就是保证快速、平稳的频谱切换，尽可能地避免对授权用户的有害干扰，同时保证CR用户的通信质量能够满足期望的QoS要求，使切换过程中CR用户性能下降最小。当CR用户改变自身工作频率时，要求网络不同层的协议必须很快适应新的工作频率的信道参数，并且对于频谱切换来讲，它们应当是透明的。要实现网络状态变换尽可能快地、平滑地运行，确保在频谱切换中最大限度地降低CR用户的业务性损失，这对移动性管理提出了挑战。移动性管理的好坏直接决定着CR用户的QoS能否得到保证。

(7) 资源调度：CR用户可用频谱资源在数量和位置上的动态变化，对各类业务的服务质量造成了极大的影响。CRN中的分组调度算法应能根据系统可用频谱资源的变化情况，动态地调整其调度策略，以便最大限度地为各类业务，尤其是为实时业务提供可靠的QoS保证。

3. 网络安全

目前，CRN还处在发展的初期，要真正广泛地应用起来，安全应在网络设计中引起足够的重视[13]。

同传统无线网络一样，CRN也面临着窃听、干扰等常见的安全威胁。同时，由于CRN的频谱使用不受政策保护，一些固有的可靠性问题也给CRN带来了新的安全隐患。

CRN是一种动态的网络，这种动态性主要来源于两个方面：一是网络可用频谱的动态变化，二是网络拓扑的动态变化。针对这样一种动态的网络，静态的安全防御措施已经不能提供完全的保护，而CRN的入侵检测系统，作为一种动态的、主动的安全策略，将为建立安全的CRN提供有力的保障。

1.3.4 认知无线电网络研究现状

认知无线电技术自出现以来，由于它能提高频谱利用率，满足当前不断增长的频谱需求，解决目前无线通信发展的频谱障碍，引起了业界和学术界的极大关注。

我国研究认知无线电技术比较晚，但后来认知无线电的研究得到国家的大力支持。2005年7月，“认知无线电关键技术”研究课题由国家“863”计划设立；2006年和2007年，多个认知无线电研究课题被国家自然科学基金资助。后来，国家加大资助力度，信息科学部把认知无线电项目作为调控重点项目资助，主要解决无线频谱认知问题。“认知无线电网络基础理论与关键技术研究”项目主要是研究认知无线电网络体系结构、基于认知的无线网络传输机制等。频谱共享、感知与灵活使用技术研究及验证被国家“十一五”重大专项资助。当前，清华大学、北京邮电大学、电子科技大学、西安电子科技大学和西安交通大学都展开了认知无线电技术的相关研究，国家资助的“863”计划项目、国家“973”计划项目、国家自然基金项目等有关认知无线电技术的研究项目，大都由这些高校承担。

在国外，北美和欧洲比较早地研究认知无线电技术，如美国国防部高级计划研究署下一代通信计划 XG 项目[14]，欧盟第六框架项目的端到端重配置项目[15]。针对认知无线电技术主要关注以下三个方面的研究：动态网络规划管理、先进频谱管理和联合无线资源管理。

1.3.5 认知无线电面临的安全问题

安全在有线和无线通信网络中都是必不可少的因素，若无法保证通信安全，网络的实际应用范围会受到极大的限制。对于传统的有线网络，如计算机网络，由于其自身安全机制的缺陷，资源获取的开放性和各种黑客攻击行为，安全问题一直难以很好地解决而无线通信网络更是由于传输媒介的开放性等特点面临的安全问题更加复杂。目前网络安全技术未能很好地解决这些安全问题，在很大程度上是因为安全常常只是作为网络建设的一个附加环节来考虑的，安全技术在初期的网络设计中没有得到足够的重视。直到网络运营中由于安全策略的失败而带来严重经济损失的事件频繁发生，给用户和网络运营商带来很多不必要的麻烦时，安全在网络设计中的重要性才引起了重视。CRN 尚处在初期发展阶段，还没有大规模地应用，安全应在网络设计中引起足够的重视。CRN 是一种无线电网络，同样面临传统无线网络的很多安全问题。

1.4 研究内容及创新

本节在现有认知无线电频谱感知研究的基础上，分别进行多天线场景下、多用户多天线场景下、单用户单天线场景下和压缩感知场景下的频谱感知与检测技术研究。本书以认知无线电网络为研究平台，以认知无线电频谱感知与检测技术为研究内容，下面进行详细论述。

1. 研究广义衰落信道下的多天线频谱感知与检测技术

（1）提出用 MGF 方法在广义衰落信道下分析认知无线电频谱感知与检测技术性能，包括 κ-μ 衰落信道下单天线频谱感知性能分析、κ-μ 衰落信道下

MRC（最大比结合）和 SLC（平方律结合）多天线频谱感知性能分析与 $\eta-\mu$ 衰落信道下 EGC（等增益融合）多天线频谱感知性能分析。

（2）推导基于 MGF 方法的 $\kappa-\mu$ 衰落信道单天线频谱感知平均检测概率闭式表达式，分析了 $\kappa-\mu$ 衰落信道参数 κ 和 μ 的变化对频谱感知性能的影响。

（3）推导基于 MGF 方法的 $\kappa-\mu$ 衰落信道多天线 MRC 和 SLC 频谱感知平均检测概率闭式表达式，推导基于 MGF 方法的 $\eta-\mu$ 衰落信道多天线 EGC 频谱感知平均检测概率闭式表达式。

2. 研究基于协作的频谱感知与检测技术

（1）提出两步复合协作的频谱感知与检测技术方案。

（2）推导 Nakagami-m 衰落信道下 SLC 软协作的两步复合协作平均检测概率闭式表达式。

（3）推导 $\kappa-\mu$ 衰落信道下 MRC 和 SLC 软协作的两步复合协作平均检测概率闭式表达式。

（4）仿真结果验证提出的两步复合频谱感知方案不管是在特殊的 Nakagami-m 衰落信道条件下，还是在广义的 $\kappa-\mu$ 衰落信道条件下都呈现出良好的检测性能，体现了特殊与一般的统一。提出的两步复合协作频谱感知方案，检测性能兼有硬决定融合和软数据融合的优点，检测性能显著提高。

3. 研究基于小波熵和压缩感知认知无线电频谱感知与检测技术

（1）提出小波熵的认知无线电频谱感知与检测技术。推导小波熵的计算表达式，和小波包熵认知无线电频谱感知相比，小波熵的认知无线电频谱感知算法有较低的计算复杂度和较小的频谱感知时间，并且仿真结果表明算法有很强的鲁棒性。

（2）提出基于卡尔滤波的单测量向量稀疏阶估计算法和基于卡尔滤波的多测量向量稀疏阶估计算法。有了稀疏信号的稀疏阶，就能低成本且有效可靠地恢复出稀疏信号，提高压缩感知频谱感知的性能，并且仿真结果表明算法有很强的鲁棒性。

1.5 组织结构

除绪论、第 2 章和第 6 章外，其他章节的组织结构如图 1-6 所示。

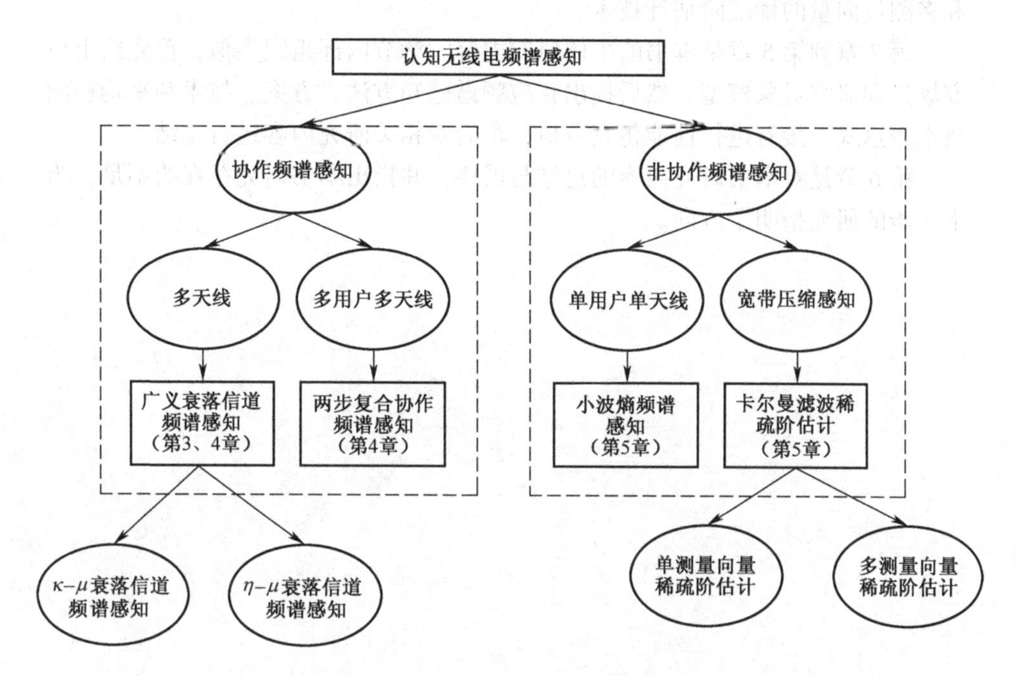

图1-6 本书的组织结构

本书主要研究认知无线电频谱感知技术，共分6章，具体章节安排如下。

第1章绪论，首先介绍研究背景和研究意义，接着介绍认知无线电技术和认知无线电网络的概念、应用、关键技术和研究现状及研究进展，最后简单概括本书的研究内容及创新点。

第2章介绍本书研究的核心认知无线电频谱感知技术和其他相关理论，包括卡尔曼滤波理论、留数理论、信息熵理论和信息不增性原理。

第3章研究广义衰落信道下的多天线协作频谱感知，进行基于MGF方法的广义衰落信道下的频谱感知性能分析，包括 $\kappa-\mu$ 衰落信道频谱感知性能分析和 $\eta-\mu$ 衰落信道频谱感知性能分析。

第4章研究基于协作的认知无线电频谱感知，考虑到单天线认知用户软合并协作频谱感知和硬合并协作频谱感知的优点与缺点，提出两步复合协作频谱感知方案。

第5章先研究基于小波分析认知无线电频谱感知与检测技术，在介绍小波变换、小波包变换和小波包熵的基础上提出小波熵认知无线电频谱感知与检测技术。接着，研究基于压缩感知的认知无线电频谱感知与检测技术，提出基于卡尔曼滤波的稀疏信号的稀疏阶估计技术，包括单测量向量的稀疏阶估计技术和多测量向量的稀疏阶估计技术。

第 3 章到第 5 章是本书的主体研究内容。章节内部组织类似，首先给出研究场景和研究对象模型。然后提出相应频谱感知方法、方案、技术和平均检测概率表达式，接着进行性能仿真分析，最后对相关研究内容进行总结。

第 6 章是对本书研究内容的总结与展望，并指出本书研究存在的不足，为下一步的研究指明了方向。

第2章 认知无线电频谱感知及基本理论

本书以认知无线电为研究平台，以频谱感知与检测技术为研究对象。本章主要是介绍后面章节涉及的认知无线电频谱感知理论和其他相关理论，作为后续章节的理论基础。

认知无线电网络作为提高异构无线网络频谱利用率的一种特殊网络，为认知用户与主用户共享授权频段提供了可能。但是，认知用户能够使用主用户频段的前提条件是其保证主用户的正常通信，也就是必须保证主用户通信不受影响，因此，认知用户必须具备快速、准确检测与分析主用户状态的功能，在认知无线电网络中，认知用户的这个功能称为频谱检测，它是实现认知无线电网络动态接入、频谱共享等其他功能的重要前提。

本章主要内容安排如下：2.1节概括介绍了单用户单天线频谱感知的相关知识，主要有频谱空穴的概念、频谱检测模型、频谱检测算法性能指标、经典频谱检测算法。2.2节介绍了协作频谱检测的相关知识，主要有协作频谱检测的类型、常见的无线网络衰落信道、常见的多天线分集方式。2.3节介绍了当前频谱检测面临的挑战。2.4节介绍了卡尔曼滤波理论、留数理论、信息熵理论和信息不增性原理。2.5节是本章小结。

2.1 频谱检测

频谱检测是认知无线电实现其功能的基础，本节讨论的频谱检测是认知用户仅有一根单天线的情形。认知用户感知周围环境的变化，发现频谱空穴。

2.1.1 频谱检测概述

1. 频谱空穴

频谱空穴是指一个特定的频段已经被分配给某个特定的主用户，但在某个特定时间或某个特定地点，这个特定频段没有被那个特定主用户所使用[16]。

频谱空穴一般分为下列三类：黑穴、灰穴和白穴。

（1）黑穴：授权频段一直被长时间占用的频段。

（2）灰穴：授权频段偶尔被占用的频段。

（3）白穴：授权频段一直处于空闲状态的频段。

2. 频谱检测模型

假定一个认知无线电网络共有 K 个认知用户，$k=1, 2, \cdots, K$，认知用户感知授权频谱以发现主用户是否占用授权频段。认知用户独立执行局部频谱感知，接收信号抽取 N 个抽样点，频谱感知问题可以规划为一个二进制假设问题：H_1 表示主用户占用授权频段，H_0 表示主用户没有占用授权频段[17]。

$$\begin{cases} x_k(n) = w_k(n), & H_0 \\ x_k(n) = h_k s(n) + w_k(n), & H_1 \end{cases} \tag{2-1}$$

其中，$s(n)$是主用户发射信号；$w_k(n)$是第 k 个认知用户收到的噪声信号，假定噪声信号是独立同分布的随机变量，且期望值是 0，方差是 σ_n^2；h_k 是主用户天线与第 k 个认知用户天线之间的信道增益。基于能量检测，第 k 个认知用户接收信号的能量可表示为

$$E_k = \sum_1^N x_k^2(n) \tag{2-2}$$

对于软数据融合方案，每一个认知用户传送完整的感知信息到融合中心；对于硬决定融合方案，每个认知用户比较接收到的能量和预设能量阈值 λ_k 的大小，得到一个二元局部判决。判决过程表示如下：

$$\Delta_k = \begin{cases} 1, & E_k > \lambda_k \\ 0, & \text{其他} \end{cases} \tag{2-3}$$

第 k 个认知用户的检测概率和虚警概率的表达式为

$$P_{d,k} = P_r\{\Delta_k = 1 | H_1\} = P_r\{E_k > \lambda_k | H_1\} \tag{2-4}$$

$$P_{f,k} = P_r\{\Delta_k = 1 | H_0\} = P_r\{E_k > \lambda_k | H_0\} \tag{2-5}$$

在 AWGN（加性白高斯噪声）信道下，若认知用户的能量阈值一样，即 $\lambda_k=\lambda$，则 H_1 条件下的检测概率和漏检概率，H_0 条件下的虚警概率分别为[18]

$$P_{d,k} = Q_m(\sqrt{2\gamma}, \sqrt{\lambda}) \tag{2-6}$$

$$P_{m,k} = 1 - P_{d,k} \tag{2-7}$$

$$P_{f,k} = \frac{\Gamma(m, \lambda/2)}{\Gamma(m)} \tag{2-8}$$

其中，γ 是信噪比，m 是时间带宽积，Q_N（. , .）是广义的马可函数，Γ（.）和 Γ（. , .）是完整的和不完整的伽马函数。

频谱检测过程：认知用户对接收到的主用户信号运用某种信号检测算法，首先计算其检验统计量，再将该检验统计量与预先设定的阈值比较，得到二元假设判定结果，最后判断是否存在频谱空洞可供认知用户使用。

3. 频谱检测算法性能指标

评价一种频谱检测算法的优劣主要有以下几个性能指标：检测概率、虚警概率、漏检概率和检测时长等[19]。

（1）检测概率（detection probability，P_d）：是指当主用户存在时，认知用户能检测出主用户存在的概率，即 $P_d = P_r\{H_1 | H_1\}$。

（2）虚警概率（false-alarm probability，P_f）：是指在主用户不存在时，认知用户错误地认为主用户存在的概率，虚警概率表示为：$P_f = P_r\{H_1 | H_0\}$。

（3）漏检概率（missed detection probability，P_m）：是指当主用户存在时，认知用户误认为频段闲置，即主用户不存在的概率，漏检概率的表达式为：$P_m = P_r\{H_0 | H_1\}$，并且检测概率和漏检概率之和为 1，即 $P_m + P_d = 1$。

（4）检测时长（detection time）：是指认知用户基于某种检测算法，执行一次二元假设判决所需要的时间。

一般来说，检测概率和虚警概率是认知无线电频谱检测的基本性能指标，通过认知用户的检测概率和虚警概率描述频谱检测性能。检测概率和虚警概率的变化趋势是一致的。一般地，当虚警概率增大时，检测概率也相应增大。有时也用漏检概率和虚警概率来描述频谱检测性能，因为检测概率和漏检概率之和为 1，而虚警概率越大，检测概率就越大，相应地，漏检概率就越小。一个描述检测性能的二维平面图，如果横坐标是虚警概率，纵坐标是漏检概率，则变换曲线呈下降趋势，相反地，如果横坐标不变，还是虚警概率，纵坐标是检测概率，则频谱检测性能曲线呈上升趋势。一个认知无线电频谱检测算法，如果能够保证有很低的虚警概率的同时又有很高的检测概率，说明这个算法的检测性能是理想的。实际上，要判断一个算法的检测性能，一般假设虚警概率不变，考查检测概率性能指标。

通常地，算法计算复杂度越高，检测时间越长，反之，检测时间越短。检测时间的选取本质上还是检测性能和检测速度的折中。一方面，从保护授权网络免受干扰的角度出发，要通过延长检测时间以提高检测概率；另一方面，从提高认知无线网络频率资源利用率的角度出发，要尽可能缩短检测时间，为认知用户利用空闲频谱进行数据通信争取宝贵的频谱机会。这对矛盾具体体现为：缩短检测时长（提高检测速度）有利于及时利用所发现的频谱机会，但同时会导致检测性能下降；而增大检测时长（降低检测速度）虽然可能提高检测性能，但会降低认知用户频谱利用率。检测时长一方面与底层的硬件设备以及物理层检测算法直接相关，另一方面还可以通过设计有效的检测机制，从认知用户频谱利用率及检测性能等指标出发对检测时长做进一步的计算和优化。

2.1.2 经典的频谱检测技术

频谱检测方法主要有以下三种：能量检测算法、循环平稳特征检测算法和匹配滤波器检测算法。

1. 能量检测算法

能量检测是频谱检测最基本最普遍的方法[20-23]。能量检测直接在时域进行抽样和调制，累加这些能量值得到一个能量和，然后把这个能量和一个预先设定的能量阈值进行比较，如果能量和大于能量阈值，说明主用户正占用授权频道，认知用户应当离开这个信道；如果能量和小于能量阈值，则可以判定主用户此时没有占用该授权频道，认知用户可以临时使用这个闲散信道，当然，认知用户在使用这个信道的同时，必须不断感知这个信道，防止主用户使用这个信道，而对主用户造成干扰。认知用户使用这个闲散信道是以不对主用户造成干扰为前提的。能量检测器数字实现流程如图 2-1 所示。

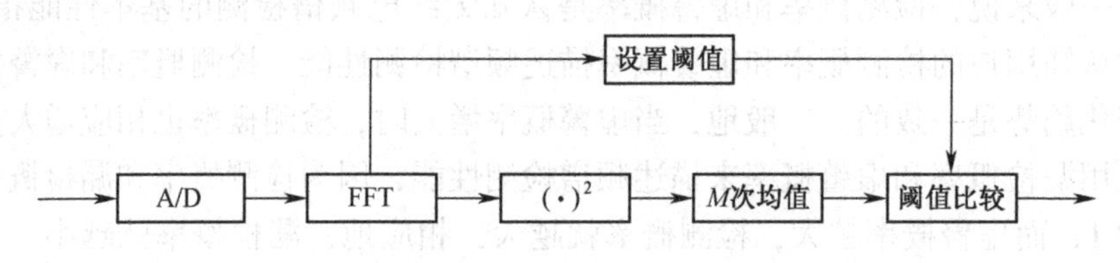

图 2-1 能量检测器数字实现流程[24]

能量检测的优点是：容易实现，不需要主用户信号的先验知识，算法复杂度低，对相位同步的要求也很低。能量检测的缺点是：该检测方法不能获得被检测信号的细节信息，包括时域信息和频域信息。能量检测只能检测超过阈值的主用户信号，在低信噪比的情况下，信号被淹没在噪声中，不宜用能量检测器。能量检测不能用于检测跳频信号和扩频信号。

能量检测易受衰落信道的影响。能量检测仅对接收信号的能量进行比较判决，在 AWGN 信道，信道的信噪比（SNR）是确定的。但在衰落信道下，信道的信噪比是不确定的，信噪比是一个随机变量，所以说，能量检测阈值的确定是一个问题，容易受变化的噪声，特别是干扰的影响。

2. 循环平稳特征检测算法

循环平稳特征检测是利用调制信号的周期性。循环平稳特征检测数字实现流程如图 2–2所示。

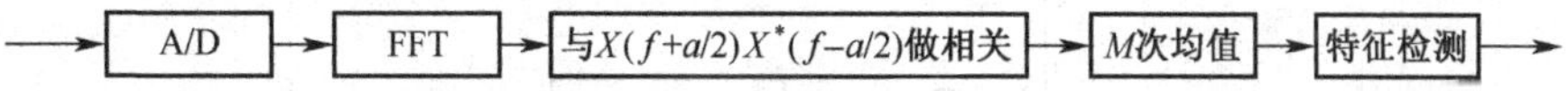

A/D → FFT → 与$X(f+a/2)X^*(f-a/2)$做相关 → M次均值 → 特征检测

图 2–2　循环平稳特征检测数字实现流程[24]

循环平稳特征检测过程如下：

（1）计算信号的周期自相关函数 $R_x^\alpha(\tau)$：

$$R_x^\alpha(\tau) = \lim_{T\to\infty} \frac{1}{T}\int_{-\frac{T}{2}}^{\frac{T}{2}} x\left(t+\frac{\tau}{2}\right) x\left(t-\frac{\tau}{2}\right) \mathrm{e}^{-j2\pi\alpha t}\mathrm{d}t \tag{2-9}$$

其中，α 为周期频率。

（2）计算 $R_x^\alpha(\tau)$ 的离散傅里叶变换，得到谱自相关函数：

$$S_x^\alpha(f) = \int_{-\infty}^{+\infty} R_x^\alpha(\tau)\mathrm{e}^{-j2\pi f\tau}\mathrm{d}\tau \tag{2-10}$$

$$S_x^\alpha(f) = \lim_{T\to\infty}\lim_{Z\to\infty}\frac{1}{TZ}\int_{-\frac{Z}{2}}^{\frac{Z}{2}} X_T\left(t, f+\frac{\alpha\tau}{2}\right) X_T^*\left(t, f-\frac{\alpha\tau}{2}\right)\mathrm{d}t \tag{2-11}$$

其中，

$$X_T(t, f) = \int_{t-\frac{T}{2}}^{t+\frac{T}{2}} x(u)\mathrm{e}^{-j2\pi fu}\mathrm{d}u \tag{2-12}$$

这种方法检测时间长，算法复杂度大[25]。

循环平稳特征检测的好处是：能够区分噪声能量和信号能量，因为噪声没有谱相关，而调制信号通常是循环稳态的。和能量检测器相比，循环平稳特征检测器应对噪声的不确定性更为稳健。这种检测器可以在比能量检测器更低的信噪比下工作，检测性能优于能量检测器。

循环平稳特征检测的缺点是：需要主用户的部分信息，实现较为复杂，导致检测时间长，以致频谱利用率降低，网络吞吐量下降。

3. 匹配滤波器检测算法

匹配滤波器检测是一种比较理想的检测方法，它可以在加性高斯白噪声中最大化地接收到信号的信噪比。匹配滤波器检测的检测性能与时频偏移、衰落和时延扩展都密切相关。匹配滤波器检测数字实现流程如图 2–3 所示。

匹配滤波器检测是一种基于特征的频谱感知。其基本思想是：将接收的信号送入一个匹配滤波器中，匹配滤波频谱检测器是通过对一个已知信号和一个未知信号做相关来检测其存在，即用时间反转的假设信号和未知信号进行卷积，然后匹配滤波器的输出和阈值作比较。可以用以下二元判决表示[26]：

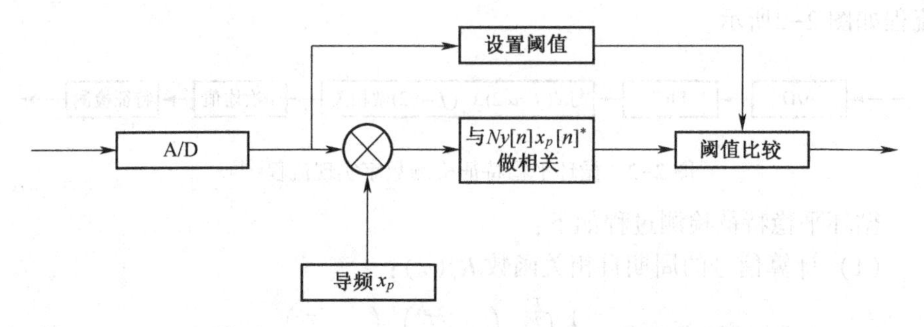

图 2-3　匹配滤波器频谱检测数字实现流程[24]

$$\begin{cases}\sum_{n=1}^{N} y[n]x[n]^* \leqslant \lambda, & H_0 \\ \text{其他}, & H_1\end{cases} \tag{2-13}$$

其中 λ 为判决阈值。

当主用户信号已知时，匹配滤波器频谱检测是一种比较理想的检测方法，这种检测方法可以在短时间内获得高处理增益。

匹配滤波器频谱检测的缺点是：不适合在低信噪比下检测，这些区域很难实现同步；需要预先知道被检测信号的完整信息；需要为不同信号类型配置接收机，所以实现复杂度大；属于相干检测，对相位同步要求高。由于执行不同的接收算法，大大消耗了功率。

4. 其他检测算法

除了上述三种基本检测算法外，其他的频谱检测方法有本地泄漏检测、自相关检测、多分辨率频谱检测、基于小波变换的频谱检测和基于小波包变换的频谱检测等。

5. 三种经典检测方法的检测性能的对比

图 2-4 和图 2-5 显示了三种经典检测方法的检测概率和虚警概率性能比较。从两图可以看出，三种算法的检测概率从大到小排序：循环平稳特征检测，匹配过滤器检测，能量检测；三种算法的虚警概率从大到小排序：匹配过滤器检测，循环平稳特征检测，能量检测。循环平稳特征检测的检测性能与抽样点有关，更多的抽样点将导致好的检测性能。能量检测非常容易操作，由于算法复杂度低，在实践中很容易实施并且时间开销小。匹配滤波器检测需要授权信号的先验信息。循环平稳特征检测具有很好的检测性能和较高的算法开销。在实际操作中，可以根据不同系统的要求选择不同的单节点感知算法。

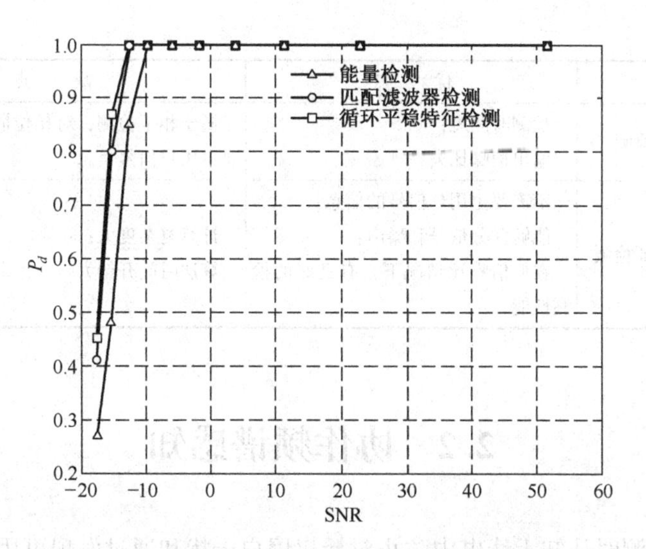

图 2-4　三种经典检测方法的检测概率的性能比较[27]

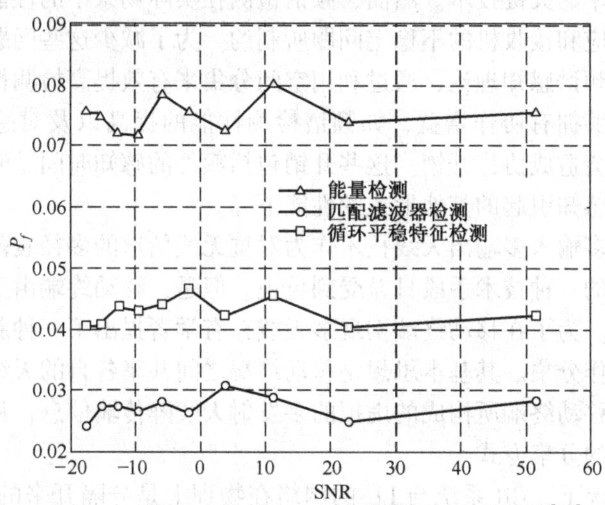

图 2-5　三种经典检测方法的虚警概率的性能比较[27]

6. 三种经典检测方法的对比

三种基本检测方法的对比如表 2-1 所示。

表 2-1　三种基本检测方法的对比

测 算 法	优　点	缺　点
能量检测	不需要主用户信号信息； 结构简单、操作方便； 对相位要求低	容易受变化的噪声、干扰影响； 无法区分同一信道的主用户和认知用户信号； 不适于扩频、跳频信号

续表

测算法	优　点	缺　点
匹配滤波器检测	检测时间短； 输出信噪比大	属于相干检测，对相位同步要求高，需要主用户信号信息
循环平稳特征检测	不需要主用户信号的信息； 能够区分信号和噪声； 在低信噪比情况下，有良好的检测性能	计算复杂度大； 算法时间开销大

2.2 协作频谱感知

频谱检测时认知无线电中防止对授权用户干扰和通过发现可用频谱资源与提高频谱利用率的关键技术。然而，频谱检测在实际场景中的性能常常被多径衰落、阴影效应和接收机的不稳定问题所制约。为了减少这些问题的影响，本书提出了协作频谱感知理论，通过利用空间分集来有效提高检测性能。尽管协作频谱感知能够拥有协作增益，如频谱检测性能的提高以及对感知需求的降低，但它同时会造成协作开销。这些开销包括额外的感知时间、时延、能量损耗以及由协同感知引起的其他形式的性能下降。

近年来，多输入多输出天线技术作为对抗无线信道的多径衰落和提高无线通信系统容量的一种技术手段日益受到重视。但是，移动终端由于体积限制很难安装多天线。为了在移动终端实现多天线，有学者提出了一种新的空域分集技术，称为协作分集。其基本思想是移动终端之间共享各自的天线，利用自己和小区内其他移动终端所构成的虚拟的多发射天线阵传输信息，从而获得空间发射分集增益的分集方式。

在多数情况下，CR 系统与 LU 的网络在物理上是分隔开来的，因此，RU 不可避免地由于不知道 LU 的接收机位置和信息造成干扰，称为“隐藏终端”问题。RU 和 LU 之间可能是视距的，也可能是非视距的。在非视距的情况下，RU 需要从其他用户那里得到信息并准确检测，这种检测方法称为协作频谱检测方法。

协作频谱检测方法可以有效消除多径衰落，从而提高在复杂环境下的检测概率。但协作频谱检测方法需要有效的信息共享机制，增加系统实现的复杂度。例如，在协作频谱检测中，需要一条专门的控制信道。另外，在资源受限的网络中，协作频谱检测方法要求节点汇集大量的信息并与节点信息或者基站进行交互，大大增加了网络负载。

频谱检测有两个主要功能：一个功能是发现授权频段中可利用频率，这种检测方法可以提高频谱利用率；另一个功能是避免认知用户对授权用户的干扰。然而，频谱检测在实际场景中的性能常常被一些客观因素，如干扰和噪声制约而性能恶化。为了克服这些问题的影响，通过多用户的联合检测或多天线联合检测，达到改善频谱检测性能的目的。

协作频谱检测步骤如下。

(1) 每个认知用户，把从天线接收到的感知信息，或者独立地检测频谱并做出 1 bit 局部判决，或者不做任何处理，直接把感知信息发送到融合中心。

(2) 所有认知用户终端通过网络中的汇报信道把信息发送到融合中心。

(3) 在融合中心，信息通过各种硬决定联合检测方式或软数据联合检测方式进行合并，并作出最终全局判决，决定在授权频段上主用户的行为。

由上面的步骤可知，每一个协作伙伴可以发送两种信息：①一位二进制判决结果，公共接收端合并信息采用“或”的合并方法，这种协作频谱检测方法称为决策融合。②直接发送观测值，公共接收端利用协作分集合并的方法对这些观测值进行合并，这种方法称为数据融合。显然，决策融合方法比数据融合方法节省带宽。已有研究表明，决策融合方法可以达到与数据融合方法一样的性能。

在融合中心，如果接收到 1 bit 局部判决，则采用逻辑与（AND）、逻辑或（OR）和逻辑大多数（MAJORITY）算法合并，这种协作检测方法称为硬决定融合；在融合中心，如果接收到的不是 1 bit 局部判决，而是天线完整的认知用户没做有任何处理的信息，则利用等增益、最大比值合并等联合检测方法对这些感知信息进行合并，这种联合检测方法称为软数据联合检测。

2.2.1 协作频谱感知类型

协作频谱检测方法主要有三种：集中式协作频谱检测方法、分布式协作频谱检测方法和中继辅助式协作频谱检测方法。

1. 集中式协作频谱检测方法

集中式协作频谱检测模型如图 2-6 所示。在集中式协作频谱检测方法中，存在一个融合中心，每个认知用户独立地进行感知，一种方式是做 1 bit 的局部判决，另一种方式是对感知信息不做处理。接着，认知用户把这两种方式的感知信息都发送到融合中心，融合中心汇集所有感知信息，做出一个二元判决，这是一个全局判决，并且将这个全局判决结果发送给各认知用户。

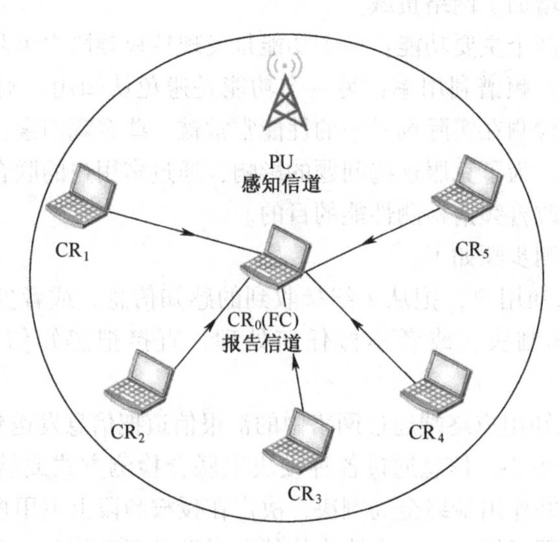

图 2-6　集中式协作频谱检测模型[28]

本书主要讨论和研究的是集中式协作频谱检测，有以下两种类型：硬决定协作融合方案和软数据协作融合方案。

（1）硬决定协作融合方案。在硬决定协作融合方案中，每一个认知用户独立判决主用户是否存在，也就是是否占用授权频段。认知用户做出判决后，把 1 bit 标志主用户行为的二元判决结果发送到数据融合中心，在融合中心，根据各种硬决定判决规则获得主用户是否占用授权频段的全局判决。硬决定协作融合方案的好处是：仅需要有限的带宽，每个认知用户只有 1 bit 的信息在网络中传送，网络负载小。硬决定融合协作方案的判决规则有以下三种：逻辑 AND、逻辑 OR 和逻辑 MAJORITY。

1）逻辑 AND。在逻辑 AND 判决规则下，只有所有的认知用户检测到主用户存在，才能最终判决主用户是存在的。

2）逻辑 OR。在逻辑 OR 判决规则下，只要有一个认知用户检测到主用户是存在的，就可以判决主用户占有授权频段。

3）逻辑 MAJORITY。在逻辑 MAJORITY 判决规则下，必须至少有一半的认知用户检测到主用户存在，才能最终判决主用户是存在的。

逻辑 AND、逻辑 OR 和逻辑 MAJORITY 三个硬决定判决规则可以统一为逻辑 VOTING 判决规则，K 个认知用户中至少有 M 个认知用户检测到主用户存在，就判决主用户占用授权频段。

逻辑 AND、逻辑 OR 和逻辑 MAJORITY 判决规则是逻辑 VOTINNG 判决规则的特殊情况，当 $M=K$ 时，表示逻辑 AND 判决规则；当 $M=1$ 时，表示逻辑 OR 判决规则；当 $M=K/2$ 时，表示逻辑 MOJORITY 判决规则。

（2）软数据协作融合方案。软数据协作融合方案中，每个认知用户传递完整的感知信息到融合中心，不做任何处理，不执行任何局部判决[29-31]。在融合中心，根据这些感知信息，基于某种软数据融合规则，做出最终的全局的关于主用户是否占用授权频段的判决。软数据协作融合方案和硬决定协作融合方案相比，呈现了更好的检测性能，但软数据协作融合方案需要更大的带宽作为控制信道，所有感知信息需要在网络中传送，网络负载大。

2. 分布式协作频谱检测方法

分布式协作频谱检测模型如图 2-7 所示。分布式协作频谱检测方法不同于集中式协作频谱检测方法，其没有一个融合中心，因此，它不依赖融合中心做协同决策。首先，每个认知用户独立地执行局部频谱感知，然后认知用户与相邻的其他协作用户交换信息，根据自己的感知信息和相邻用户的交换信息，做出主用户是否占用授权频段的判决。

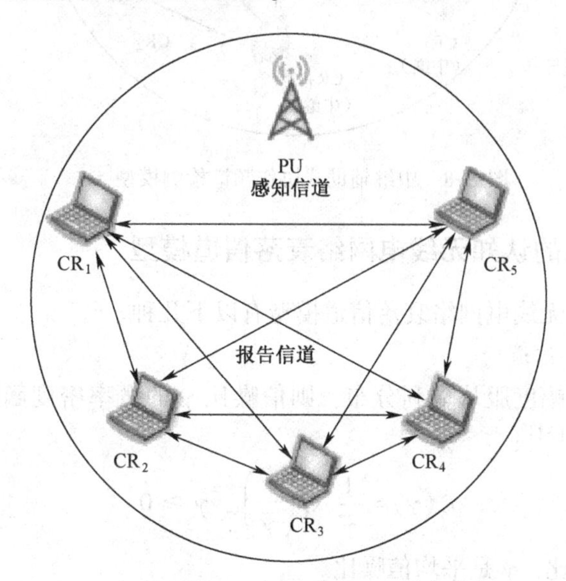

图 2-7　分布式协作频谱检测模型[28]

3. 中继辅助式协作频谱检测方法

中继辅助式协作频谱检测模型如图 2-8 所示。除了集中式协作频谱检测方法和分布式协作频谱检测方法，还有一种称为中继辅助式协作频谱检测方法。在条件恶劣的通信环境中，因为感知信道和报告信道都不是理想信道，CR 用户在实际检测中可能会遇到比较差的感知信道和比较好的报告信道，也可能会遇到比较理想的感知信道和比较不理想的报告信道，这样，它们可以相互协作和补充，从而提高协作感知的性能。各种不同的信道可能遭受干扰和噪声的影响，这样，可以通过中继辅助式协作频谱检测，达到提高检测性能的目的。

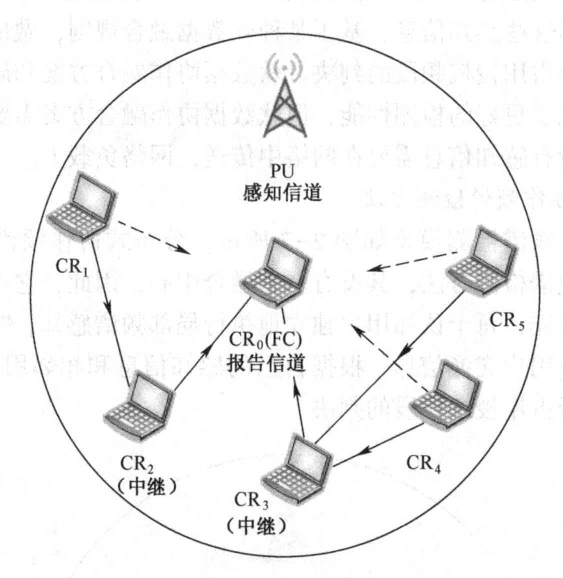

图 2-8 中继辅助式协作频谱检测模型[28]

2.2.2 常见的认知无线电网络衰落信道模型

常见的认知无线电网络衰落信道模型有以下几种。

1. 瑞利衰落信道

如果信号的幅度服从瑞利分布，则信噪比 γ 的概率密度函数服从指数分布，表达式如下[32]：

$$f_{\gamma}(\gamma)=\frac{1}{\bar{\gamma}}\exp\left(\frac{\gamma}{\bar{\gamma}}\right),\ \gamma\geqslant 0 \tag{2-14}$$

其中，γ 是信噪比，$\bar{\gamma}$ 是平均信噪比。

2. Nakagami-m 衰落信道

如果信号的幅度服从 Nakagami-m 分布，则信噪比 γ 的概率密度函数服从伽马分布，表达式如下[32]：

$$f_{\gamma}(\gamma)=\left(\frac{m}{\bar{\gamma}}\right)^{m}\frac{\gamma^{m-1}}{\Gamma(m)}\exp\left(-\frac{m\gamma}{\bar{\gamma}}\right),\ \gamma\geqslant 0 \tag{2-15}$$

其中，$\bar{\gamma}$ 是平均信噪比，m 是衰落程度参数（$0.5\leqslant m\leqslant\infty$）。

3. Hoyt/Nakagami-q 衰落信道

在 Hoyt 衰落信道下，信噪比 γ 的概率密度函数为[33]：

$$f_{\gamma}(\gamma)=\frac{1}{\sqrt{p}\bar{\gamma}}\exp\left(-\frac{\gamma}{p\bar{\gamma}}\right)I_0\left(\frac{\gamma\sqrt{1-p}}{p\bar{\gamma}}\right),\ \gamma\geqslant 0 \tag{2-16}$$

Hoyt 衰落通常用来描述比瑞利衰落更严重的衰落环境，其中，q（$0\leqslant q\leqslant 1$）是衰落程度参数，$p=4q^2/(1+q^2)^2$，$0\leqslant p\leqslant 1$。当 $p=q=1$ 时，式（2-16）表示瑞利分布的概率密度函数；当 $p=q=0$ 时，式（2-16）表示单边高斯的概率密度函数。

4. 莱斯（Rician/Nakagami-n）衰落信道

如果信号的幅度服从莱斯分布，则信噪比 γ 的概率密度函数为[32]：

$$f_{\gamma}(\gamma)=\frac{1+K}{\bar{\gamma}}\exp\left(-K-\frac{1+K\gamma}{\bar{\gamma}}\right)I_0\left(2\sqrt{\frac{K(1+K)\gamma}{\bar{\gamma}}}\right),\ \gamma\geqslant 0 \tag{2-17}$$

其中，K 是莱斯因子，$I_n(.)$ 是第一类 n 阶修改的贝塞尔函数。

5. 威布尔衰落信道

在威布尔衰落信道信下，噪比 γ 的概率密度函数为[34]：

$$f_{\gamma}(\gamma)=c\left[\frac{\Gamma(p)}{\bar{\gamma}}\right]^{c}\gamma^{c-1}\exp\left\{-\frac{\gamma\Gamma(p)}{\bar{\gamma}}\right\},\quad \gamma\geqslant 0 \tag{2-18}$$

其中，$c=v/2$，$p=1+1/c$，v（$v>0$）是表示衰落程度的威布尔衰落参数。

6. 对数正态阴影衰落信道

在对数正态阴影衰落信道下，信噪比 γ 的概率密度函数为

$$f_{\gamma}(\gamma)=\frac{10}{\ln 10\sqrt{2\pi}\sigma\gamma}\exp\left\{-\frac{(10\lg\gamma-\mu)^2}{2\sigma^2}\right\},\ \gamma\geqslant 0 \tag{2-19}$$

其中，μ 和 σ 的单位为 dB，分别表示对数意义的均值和标准方差[35,36]。

2.2.3　常见的认知无线电网络协作分集技术

常见的认知无线电网络协作分集技术有以下几种：

1. 最大比值合并

在最大比值合并（maximum ratio combining，MRC）方案中，每个认知用户接收估计的能量，在融合中心，先乘以一个加权系数，这个加权系数的大小和每个认知用户接收到信号的信噪比成正比，然后这些加权后的能量加在一起，这个能量和预先设定的能量阈值比较，以确定主用户是否占用授权频段[37]。

$$E_{\mathrm{MRC}}=\sum_{k=1}^{K}w_kE_k \tag{2-20}$$

E_{MRC}服从中心的和非中心的卡方分布，即

$$E_{\text{MRC}} \sim \begin{cases} x_{2u}^2, & H_0 \\ x_{2u}^2(2\gamma_{\text{MRC}}), & H_1 \end{cases} \tag{2-21}$$

其中 $\gamma_{\text{MRC}} = \sum_{k=1}^{K} \gamma_k$，表示 MRC 合并器输出的即时信噪比。

在 AWGN 信道条件下，基于最大比值合并方案，检测概率和虚警概率的表达式分别为[37,38]

$$Q_{d,\text{MRC}} = Q_m(\sqrt{2\gamma_{\text{MRC}}}, \sqrt{\lambda}) \tag{2-22}$$

$$Q_{f,\text{MRC}} = \frac{\Gamma(m, \lambda/2)}{\Gamma(m)} \tag{2-23}$$

2. 等增益合并

等增益合并（equal gain combining，EGC）软数据融合方案，EGC 合并器输出的信噪比 γ_{EGC}是所有分支信噪比的和，即 $\gamma_{\text{EGC}} = \sum_{l=1}^{L} \gamma_l$，其中，$L$ 是分集分支的数量。

在非衰落的 AWGN 信道下，检测概率为[39]

$$P_{d,\text{EGC}} = Q_{Lu}(\sqrt{2\gamma_{\text{EGC}}}, \sqrt{\lambda}) \tag{2-24}$$

3. 选择式合并

在选择式合并（selection combining，SC）方案中，融合中心选择有最高信噪比的天线[39]，即

$$\gamma_{\text{SC}} = \max(\gamma_1, \gamma_2, \cdots, \gamma_K) \tag{2-25}$$

其中，E_{SC}表示有最大信噪比分支的检验统计量，服从中心的和非中心的卡方分布，即

$$E_{\text{SC}} \sim \begin{cases} x_{2u}^2, & H_0 \\ x_{2u}^2(2\gamma_{\text{SC}}), & H_1 \end{cases} \tag{2-26}$$

在 AWGN 信道下，选择式合并方案的检测概率和虚警概率表达式分别为[40]

$$Q_{d,\text{SC}} = Q_m(\sqrt{2\gamma_{\text{SC}}}, \sqrt{\lambda}) \tag{2-27}$$

$$Q_{f,\text{SC}} = \frac{\Gamma(m, \lambda/2)}{\Gamma(m)} \tag{2-28}$$

4. 平方律合并

平方律合并（square law combining，SLC）联合检测是结构简单性能较好的协作方法之一，每个认知用户把天线上接收的能量加在一起，这个检验统计

能量和预先设定能量阈值比较，如果检验统计能量大于能量阈值说明主用户存在，否则，说明主用户不存在。检验统计能量 E_{SLC} 的表达式为

$$E_{\mathrm{SLC}} = \sum_{k=1}^{K} E_k \tag{2-29}$$

其中，E_k（$k=1, 2, \cdots, K$），表示第 k 个认知用户的能量。E_{SLC} 服从中心的和非中心的卡方分布，即

$$E_{\mathrm{SLC}} \sim \begin{cases} x_{2u}^2, & H_0 \\ x_{2u}^2(2\gamma_{\mathrm{SLC}}), & H_1 \end{cases} \tag{2-30}$$

其中，E_k 表示第 k 个认知用户的能量统计。在 AWGN 信道下，平方率合并方案的检测概率和虚警概率表达式分别为[37,38]

$$Q_{d,\mathrm{SLC}} = Q_m\left(\sqrt{2\gamma_{\mathrm{SLC}}},\ \sqrt{\lambda}\right) \tag{2-31}$$

$$Q_{f,\mathrm{SLC}} = \frac{\Gamma(mL,\ \lambda/2)}{\Gamma(mL)} \tag{2-32}$$

5. 平方律选择

平方律选择（square law selection，SLS）软数据融合方案，在融合中心，选择有最大能量的天线分支，即 $Y_{\mathrm{SLS}} = \max(Y_1, Y_2, \cdots, Y_L)$，在非衰落 AWGN 信道下，平方律选择方案的检测概率和虚警概率分别为[37,38]

$$P_{d,\ \mathrm{SLS}} = 1 - \prod_{l=1}^{L}(1 - Q_u\sqrt{2y_i},\ \sqrt{\lambda}) \tag{2-33}$$

$$P_{f,\ \mathrm{SLS}} = 1 - \left(1 - \frac{\Gamma(u,\ \lambda/2)}{\Gamma(u)}\right)^L \tag{2-34}$$

6. 开关保持合并

开关保持合并（switch stay combining，SSC）软数据融合方案，考虑双分支接收系统，如果当前连接的分支的信噪比下降到低于预先设定的阈值，接收机开关保持在这个分支，不管另一个分支当前的信噪比是高于还是低于预先设定的阈值。SSC 软数据融合方案阈值的大小设置是一个值得探讨的问题。双分支独立同分布的瑞利衰落信道，基于 SSC 软数据融合方案，信噪比 γ 的概率密度函数为[40]

$$f_{\gamma_{\mathrm{SSC}}}\gamma = \begin{cases} \dfrac{1}{\bar{\gamma}}\mathrm{e}^{\frac{\gamma}{\bar{\gamma}}}(1 - \mathrm{e}^{-\frac{\gamma T}{\bar{\gamma}}}), & \gamma < \gamma T \\ \dfrac{1}{\bar{\gamma}}\mathrm{e}^{-\frac{\gamma}{\bar{\gamma}}}(2 - \mathrm{e}^{-\frac{\gamma T}{\bar{\gamma}}}), & \gamma \geqslant \gamma T \end{cases} \tag{2-35}$$

其中，γT 是开关阈值，在瑞利衰落信道下，双分支 SSC 分集方案的平均检测

概率为[41]

$$\overline{P}_{d,\mathrm{SSC}} = (1 - \mathrm{e}^{-\frac{\gamma T}{\overline{\gamma}}})\overline{P}_{d,\mathrm{Ray}} + \int_{\gamma T}^{\infty} Q_u(\sqrt{2\gamma}, \sqrt{\lambda}) \frac{1}{\overline{\gamma}} \mathrm{e}^{-\frac{\gamma}{\overline{\gamma}}} \mathrm{d}\gamma \tag{2-36}$$

封闭形式的表达式为

$$\overline{P}_{d,\mathrm{SSC}} = (1 - \mathrm{e}^{-\frac{\gamma T}{\overline{\gamma}}})\overline{P}_{d,\mathrm{Ray}} + \mathrm{e}^{-\frac{\gamma}{\overline{\gamma}}} Q_u(\sqrt{2\gamma}, \sqrt{\lambda}) + \left(\frac{1+\overline{\gamma}}{\overline{\gamma}}\right)^{u-1} \times \mathrm{e}^{-\frac{\lambda}{21+\overline{\gamma}}}\left[1 - Q_u\left(\sqrt{2\gamma T\frac{1+\overline{\gamma}}{\overline{\gamma}}}, \sqrt{\frac{\lambda\overline{\gamma}}{1+\overline{\gamma}}}\right)\right] \tag{2-37}$$

2.3 频谱检测面临的困难和挑战

近年来，认知无线电网络的频谱检测技术得到了学者的极大关注，许多专家和学者针对不同的场景提出了多种频谱检测方法。在面向认知网络的实际应用中，频谱检测面临着很多挑战，目前，频谱检测面临的挑战主要有以下几个方面。

1. 频谱检测时间的限制

主用户工作在授权频段上，也就是说主用户对该频段有绝对的优先使用权，也可以随时不使用该频段，因此为了避免认知用户对主用户干扰，认知用户的频谱检测必须是既快速又准确，这对频谱检测算法的性能提出了较高的要求。

2. 低信噪比下的频谱检测

认知无线网络的通信环境在实际中是非常恶劣的，如干扰和噪声等。另外，主用户如果采用跳频或扩频方式发射信号，信号在较窄的带宽内被发射，而信号功率分散在较宽的频段内，认知用户接收到的信噪比大大降低，增加了频谱检测的难度。简单有效对抗噪声不确定度等影响的频谱感知方案，噪声不确定度等干扰因素对频谱感知技术的影响已经被深入研究，特别是对能量检测等方案会导致严重的性能下降。在各种已有的频谱感知方案中，许多方案也试图利用信号的其他特征避免噪声不确定度的影响，但这些方案通常具有相当高的计算复杂度或比较特殊的前提假设条件，难以达到类似能量检测的适应程度。

3. 检测设备的硬件要求

认知无线网络中的频谱检测，对硬件设备有特殊的要求，如具有高采样率、较大动态范围的高模数转换分辨率、多重模拟射频前端电路和高速信号处理器。

4. 电磁环境干扰

复杂电磁环境下高灵敏度频谱感知，随着无线通信技术的不断进步，新的通信手段必将拥有更高的效率，即通信所需的发射功率进一步降低。因此，未来的认知无线电系统面临的授权用户对干扰更加敏感，而对其检测也更加困难。频谱感知技术需要在极低 SNR 的条件下将授权用户的信号检测出来，这是未来频谱感知技术面临的重要挑战之一。

5. 其他挑战

在设计有效的认知无线电频谱检测算法时，需要综合考虑多个因素：实现复杂度、干扰和噪声、多个认知用户的竞争与合作以及鲁棒性的相互影响。协作频谱感知作为一种能够有效提高频谱感知性能的手段，必将是未来频谱感知研究的重点，但目前协作频谱感知中仍有许多问题有待进一步的研究，如数据融合问题、协作需要的带宽优化问题、参与协作的节点选择问题等。

2.4 卡尔曼滤波、留数理论、信息熵和信息不增性原理

在第 3 章广义衰落信道多天线协作频谱检测技术研究部分，用到了留数定理；在第 5 章基于小波熵的频谱检测技术研究部分，用到了信息熵和信息不增性原理；在第 5 章基于卡尔曼滤波的稀疏信号的稀疏阶估计部分，用到了卡尔曼滤波，下面介绍上述相关理论。

2.4.1 卡尔曼滤波

卡尔曼滤波是用测量方程和状态方程描述系统的，卡尔曼滤波是把前一个状态的估计值和最近一个观测数据作为基础数据，去估计状态变量的当前值，最后以状态变量估计值的形式给出。

卡尔曼滤波的特征如下[42]：算法是递推的，用递推法计算，不需要知道全部过去的值，因此信号可以是平稳的，也可以是非平稳的，卡尔曼滤波采取的误差准则是估计误差的均方值最小。

不考虑控制作用，设随机线性离散系统的方程为[43]

$$\boldsymbol{X}_k = \boldsymbol{\Phi}_{k,\ k-1}\boldsymbol{X}_{k-1} + \boldsymbol{\Gamma}_{k,\ k-1}\boldsymbol{W}_{k-1} \tag{2-38}$$

$$\boldsymbol{Z}_k = \boldsymbol{H}_k\boldsymbol{X}_k + \boldsymbol{V}_k \tag{2-39}$$

其中，$\boldsymbol{X}_k$ 是系统的 n 维状态序列，$\boldsymbol{Z}_k$ 是系统的 m 维观测序列，$\boldsymbol{W}_{k-1}$ 是 p 维系统

过程噪声序列，V_k 是 m 维观测噪声过程序列，$\boldsymbol{\Phi}_{k,\ k-1}$ 是系统的 $n\times n$ 状态转移矩阵，$\boldsymbol{\Gamma}_{k,\ k-1}$ 是系统的 $n\times p$ 维噪声输入矩阵，H_k 是 $m\times n$ 维观测矩阵。

关于系统过程噪声和观测噪声的统计特性，我们假定如下

$$\begin{cases} E[W_k]=0, & E[W_kW_j^{\mathrm{T}}]=Q_k\delta_{kj} \\ E[V_k]=0, & E[V_kV_j^{\mathrm{T}}]=R_k\delta_{kj} \\ E[W_kV_j^{\mathrm{T}}]=0, & \end{cases} \tag{2-40}$$

其中，Q_k 是系统过程噪声 W_k 的 $p\times p$ 维对称非负定方差矩阵，R_k 是系统观测噪声 V_k 的 $m\times m$ 对称正定方差矩阵，δ_{kj} 是 Kronecker-δ 函数。

下面直接给出随机线性离散系统卡尔曼滤波方程。

如果被估计状态 X_k 和对 X_k 的观测量 Z_k 满足式（2-38）和式（2-39）的约束，系统过程噪声 W_k 和观测噪声 V_k 满足式（2-40）的假设，系统过程噪声方差矩阵 Q_k 非负定，系统观测噪声方差矩阵 R_k 正定，k 时刻的观测为 Z_k，且已获得 $k-1$ 时刻 $X_{k=1}$ 的最优状态估计 $\hat{X}_{k-1}$，则 X_k 的估计 $\hat{X}_k$ 可按下述滤波方程求得。

状态一步预测

$$\hat{X}_{k,\ k-1}=\boldsymbol{\Phi}_{k,\ k-1}\hat{X}_{k-1} \tag{2-41(a)}$$

状态估计

$$\hat{X}_k=\hat{X}_{k,\ k-1}+K_k[Z_k-H_k\hat{X}_{k,\ k-1}] \tag{2-41(b)}$$

滤波增益矩阵

$$K_k=P_{k,\ k-1}H_k^{\mathrm{T}}[H_kP_{k,\ k-1}H_k^{\mathrm{T}}+R_k]^{-1} \tag{2-41(c)}$$

一步预测误差方差矩阵

$$P_{k,\ k-1}=\boldsymbol{\Phi}_{k,\ k-1}P_{k-1}\boldsymbol{\Phi}_{k,\ k-1}^{\mathrm{T}}+\boldsymbol{\Gamma}_{k,\ k-1}Q_{k-1}\boldsymbol{\Gamma}_{k,\ k-1}^{\mathrm{T}} \tag{2-41(d)}$$

估计误差方差矩阵

$$P_k=[I-K_kH_k]P_{k,\ k-1}[I-K_kH_k]^{\mathrm{T}}+K_kR_kK_k^{\mathrm{T}} \tag{2-41(e)}$$

式（2-41(c)）可以进一步写成

$$K_k=P_kH_k^{\mathrm{T}}R_k^{-1} \tag{2-41(c1)}$$

式（2-41(e)）可以进一步写成

$$P_k=[I-K_kH_k]P_{k,\ k-1} \tag{2-41(e1)}$$

或

$$P_k^{-1}=P_{k,\ k-1}^{-1}+H_k^{\mathrm{T}}R_k^{-1}H_k \tag{2-41(e2)}$$

式（2-41）即为随机线性离散系统卡尔曼滤波基本方程。只要给定初值 $\hat{X}_0$ 和 P_0，根据时刻的观测值 Z_k，就可以递推计算得到 k 时刻的状态估计

$\hat{X}_k(k = 1, 2, \cdots)$。

式（2-41(a)）和式（2-41(b)）又称卡尔曼滤波器方程，由这两式可得到卡尔曼滤波器框图，如图 2-9 所示，该滤波器的输入是系统状态的观测值，输出是系统状态的估计值。

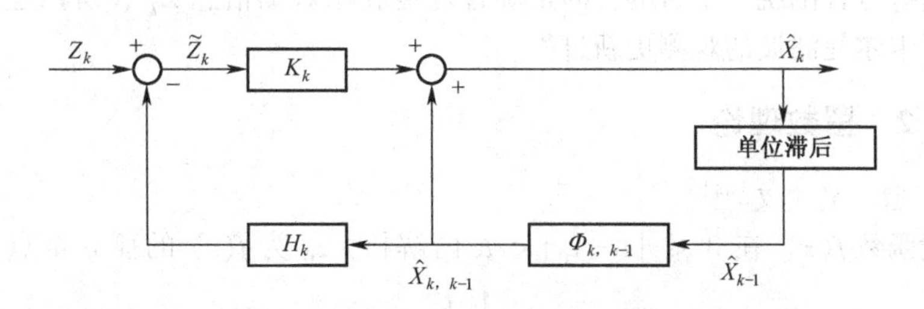

图 2-9　随机离散系统卡尔曼滤波器框图

式（2-41）的滤波算法可用方框图表示，如图 2-10 所示。从图 2-10 可以明显看出，卡尔曼滤波具有两个计算回路，即增益计算回路和滤波计算回路。其中增益计算回路可以独立计算，滤波计算回路依赖于增益计算回路。

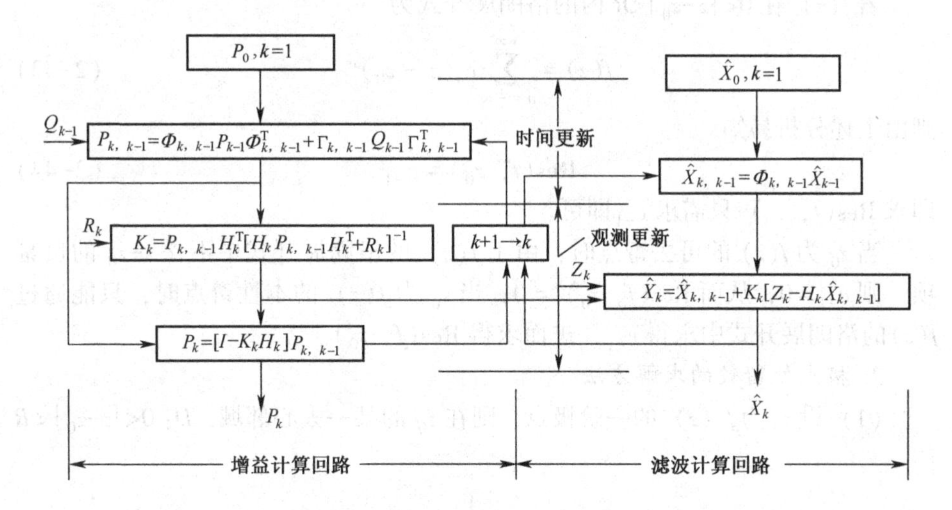

图 2-10　卡尔曼滤波算法方框图

从卡尔曼滤波使用系统状态信息和观测信息的先后次序来看，在一个滤波周期内，可以将卡尔曼滤波分成时间更新和观测更新两个过程。式（2-41(a)）说明根据 $k-1$ 时刻的状态估计来预测 k 时刻状态的方法，式（2-41(d)）对这种预测的质量优劣做出了定量描述。这两式的计算仅使用了与系统动态特性有关的信息，如状态一步转移矩阵、噪声输入矩阵、过程噪声方差矩阵等；从时间的推移过程看，这两式将时间从 $k-1$ 时刻推进至 k 时刻，描述了卡尔曼滤波的时间更新过程。式（2-41）的其余诸式用来计算对时间更新值的修正量，该修正量由时间更新的质量优劣（$\boldsymbol{P}_{k,k-1}$）、观测信息的质量优劣（$\boldsymbol{R}_k$）、观测与状态的关系（$\boldsymbol{H}_k$）以及 k 时刻的观测信息 $\boldsymbol{Z}_k$ 所确定，所有这些方程围绕一个目的，即正确合理地利用观测信息 $\boldsymbol{Z}_k$，所以这一过程描述了卡尔曼滤波的观测更新过程。

2.4.2 留数理论

1. 留数的定义[44]

设函数 $f(z)$ 在 $0<|z-z_0|<R$ 内解析，z_0 为 $f(z)$ 的孤立奇点，作圆 C：$|z-z_0|=r$，其中，$0<r<R$，称 $\frac{1}{2\pi i}\int_C f(z)\mathrm{d}z$ 为函数 $f(z)$ 在孤立奇点 z_0 的留数，记为 $\mathrm{Res}(f,z_0)$，这里积分是沿着 C 按正向取值的，即

$$\mathrm{Res}(f,z_0)=\frac{1}{2\pi i}\int_C f(z)\mathrm{d}z \tag{2-42}$$

若 $f(z)$ 在 $0<|z-z_0|<R$ 内的洛朗展开式为

$$f(z)=\sum_{n=-\infty}^{+\infty}c_n(z-z_0)^n \tag{2-43}$$

则由上述分析易知

$$\mathrm{Res}(f,z_0)=c_{-1} \tag{2-44}$$

即求 $\mathrm{Res}(f,z_0)$ 只需求 c_{-1} 即可。

当 z_0 为 $f(z)$ 的可去奇点时，由于 $f(z)$ 的洛朗展开式中不含 $z-z_0$ 的负幂项，则 $c_{-1}=0$，从而 $\mathrm{Res}(f,z_0)=0$；当 z_0 为 $f(z)$ 的本性奇点时，只能通过 $f(z)$ 的洛朗展开式中求得 c_{-1}，进而求得 $\mathrm{Res}(f,z_0)$。

2. 极点处留数的求解方法

（1）设 z_0 为 $f(z)$ 的一阶极点，则在 z_0 的某一去心邻域，D：$0<|z-z_0|<R$ 内

$$f(z)=\frac{1}{z-z_0}\varphi(z) \tag{2-45}$$

其中 $\varphi(z)$ 在 $|z-z_0|<R$ 内解析且 $\varphi(z_0)\neq 0$。显然 $f(z)$ 的洛朗展开式中，$\frac{1}{z-z_0}$ 的系数等于 $\varphi(z_0)$，故有

$$\mathrm{Res}(f,z_0)=\varphi(z_0)=\lim_{z\to z_0}(z-z_0)f(z) \tag{2-46}$$

若在 D：$0<|z-z_0|<R$ 内

$$f(z)=\frac{P(z)}{Q(z)} \tag{2-47}$$

其中，$P(z)$，$Q(z)$ 在 $|z-z_0|<R$，$P(z_0)\neq 0$，$Q(z_0)=0$ 而 $Q'(z_0)=0$，则 z_0 为 $f(z)$ 的一阶极点，因而

$$\begin{aligned}\mathrm{Res}(f,\ z_0)&=\lim_{z\to z_0}(z-z_0)f(z)=\lim_{z\to z_0}(z-z_0)\frac{P(z)}{Q(z)-Q(z_0)}\\&=\lim_{z\to z_0}\frac{P(z)}{\dfrac{Q(z)-Q(z_0)}{z-z_0}}=\frac{P(z_0)}{Q'(z_0)}\end{aligned} \tag{2-48}$$

（2）若 z_0 为 $f(z)$ 的 $k(k>1)$ 阶极点，则在 z_0 的某一去心邻域 D：$0<|z-z_0|<R$ 内

$$f(z)=\frac{\varphi(z)}{(z-z_0)^k} \tag{2-49}$$

其中，$\varphi(z)$ 在 $|z-z_0|<R$ 内解析且 $\varphi(z_0)\neq 0$，因而 $\varphi(z)$ 在 $|z-z_0|<R$ 内的泰勒级数展开式为

$$\varphi(z)=\varphi(z)+\varphi'(z)(z-z_0)+\cdots+\frac{\varphi^{k-1}(z_0)}{(k-1)!}(z-z_0)^{k-1}+\cdots \tag{2-50}$$

则 $f(z)$ 在 $0<|z-z_0|<R$ 内的洛朗展开式中

$$c_{-1}=\frac{\varphi^{k-1}(z_0)}{(k-1)!} \tag{2-51}$$

$$\mathrm{Res}(f,\ z_0)=\frac{\varphi^{k-1}(z_0)}{(k-1)!}=\lim_{z\to z_0}\frac{\varphi^{k-1}(z)}{(k-1)!} \tag{2-52}$$

又当 $z\neq z_0$ 时，$\varphi(z)=(z-z_0)^k f(z)$，故有

$$\mathrm{Res}(f,\ z_0)=\frac{1}{(k-1)!}=\lim_{z\to z_0}\frac{\mathrm{d}^{k-1}[(z-z_0)^k f(z)]}{\mathrm{d}z^{k-1}} \tag{2-53}$$

3. 留数定理

设 D 是复平面上的一个有界闭区域，若函数 $f(z)$ 在 D 内除有限个孤立奇点外处处解析，且它在 D 的边界 C 上也解析，则有

$$\begin{aligned}\int_C f(z)\,\mathrm{d}z&=2\pi i[\mathrm{Res}(f,\ z_1)+\mathrm{Res}(f,\ z_2)+\cdots+\mathrm{Res}(f,\ z_n)]\\&=2\pi i\sum_{k=1}^{n}\mathrm{Res}(f,\ z_k)\end{aligned} \tag{2-54}$$

其中，沿 C 积分是按正向取值的。

2.4.3 信息熵

若单个消息离散信源的概率分布如下[45]：

$$\begin{bmatrix} U \\ p(u) \end{bmatrix} = \begin{bmatrix} U = u_1, & \cdots, & U = u_i, & \cdots, & U = u_n \\ p_1, & \cdots, & p_i, & \cdots, & p_n \end{bmatrix} \tag{2-55}$$

则信源输出的平均信息量定义为信息熵，即

$$H(U) = H(p_1, \cdots, p_n) = E[-\log_2 p_i] = -\sum_{i=1}^{n} p_i \log_2 p_i \tag{2-56}$$

熵函数具有以下性质：

（1）对称性

$$H(p_1, p_2, \cdots, p_n) = H(p_{k_1}, p_{k_2}, \cdots, p_{k_n}) \tag{2-57}$$

其中，k_1，k_2，…，k_n 为 1，2，…，n 的重排列。

（2）非负性

$$H(U) = H(p_1, p_2, \cdots, p_n) \geqslant 0 \tag{2-58}$$

（3）确定性

$$H(0, 1) = H(1, 0) = H(0, \cdots, 0, 1, 0, \cdots, 0) = 0 \tag{2-59}$$

（4）扩展性

$$H_n(p_1, p_2, \cdots, p_n) = \lim_{\varepsilon \to 0} H_{n+1}(p_1 - \varepsilon, p_2 - \varepsilon, \cdots, p_n - \varepsilon, \varepsilon) \tag{2-60}$$

其中，$\varepsilon = \sum_{i=1}^{n} \varepsilon_i$。

（5）递推性

$$H_n(p_1, p_2, \cdots, p_n) = H_{n-1}(p_1 + p_2, p_3, \cdots, p_n) + (p_1 + p_2) H_2\left(\frac{p_1}{p_1 + p_2}, \frac{p_2}{p_1 + p_2}\right) \tag{2-61}$$

其中，$p_1 + p_2 > 0$。

（6）可加性

$$H_{mn}(p_1 P_{11} \cdots p_1 P_{m1}, p_2 P_{12} \cdots p_2 P_{m2}, \cdots, p_n P_{1n} \cdots p_n P_{mn}) = H_n(p_1, p_2, \cdots, p_n) + \sum_{i=1}^{n} p_i H_m(P_{1i} \cdots P_{mi}) \tag{2-62}$$

证明：性质（1）、（2）、（3）由熵函数公式可见。

性质（4）：由于 $\varepsilon = \sum_{i=1}^{n} \varepsilon_i$，且 $\varepsilon \to 0$，当 $p_i = 0$，可令 $p_i \log_2 p_i = 0 \log_2 0 = 0$，

则扩展性得证。

性质（5）：

设 $p = p_1 + p_2$，$q = \dfrac{p_2}{p_1 + p_2}$，则 $p_1 = p(1-q)$，$p_2 = pq$，所以

$$H_n(p_1, p_2, \cdots, p_n) = H_n[p(1-q), pq, p_3, \cdots, p_n]$$

$$= - p(1-q)\log_2 p(1-q) - pq\log_2 pq - \sum_{i=3}^{n} p_i \log_2 p_i$$

$$= - \log_2 p[p(1-q) + pq] - p[q\log_2 q + (1-q)\log_2(1-q)] - \sum_{i=3}^{n} p_i \log_2 p_i$$

$$= - p\log_2 p - \sum_{i=3}^{n} p_i \log_2 p_i + pH(q, 1-p)$$

$$= H_{n-1}[p = p_1 + p_2, p_3, \cdots, p_n] + (p_1 + p_2) H\left(\frac{p_1}{p_1 + p_2}, \frac{p_2}{p_1 + p_2}\right)$$

性质（6）：

$$H_{mn}(p_1 P_{11} \cdots p_1 P_{m1}, p_2 P_{12} \cdots p_2 P_{m2}, \cdots, p_n P_{1n} \cdots p_n P_{mn})$$

$$= \sum_{i=1}^{n} \sum_{j=1}^{m} p_i P_{ji} \log_2 p_i P_{ji} = - \sum_{i=1}^{n} \sum_{j=1}^{m} p_i P_{ji} \log_2 p_i - \sum_{i=1}^{n} \sum_{j=1}^{m} p_i P_{ji} \log_2 P_{ji}$$

$$= - \sum_{i=1}^{n} p_i \log_2 p_i + \sum_{i=1}^{n} p_i \left(- \sum_{j=1}^{m} P_{ji} \log_2 P_{ji}\right)$$

$$= H_n(p_1, p_2, \cdots, p_n) + \sum_{i=1}^{n} p_i H_m(P_{1i} \cdots P_{mi})$$

假若这 mm 种消息是由两个独立信源组成的：一个是取值 n 种的 U_1，另一个是取值 m 种的 U_2，这时 p_{ji} 与无 i 关，且 $p_{ji} = q_j$，则上式可简化为

$$H_{mn}(p_1 P_{11} \cdots p_1 P_{m1}, p_2 P_{12} \cdots p_2 P_{m2}, \cdots, p_n P_{1n} \cdots p_n P_{mn})$$
$$= H_n(p_1, p_2, \cdots, p_n) + H_m(q_1, q_2, \cdots, q_m)$$

2.4.4 信息不增性原理

信息不增性原理又称信号数据处理定理[45]。在信息处理中，经常要对所获得的数据信息进行进一步分类或归并处理，即需要将所接收到的有限数据空间（Y，q）归并为另一类处理后的有限数据空间（$Z=D$（Y），p）。

它可以表示为

$$\begin{bmatrix} Y \\ q \end{bmatrix} = \begin{bmatrix} y_1, & \cdots, & y_l, & \cdots, & y_m \\ q_1, & \cdots, & q_l, & \cdots, & q_m \end{bmatrix} \Rightarrow \begin{bmatrix} Z = D(Y) \\ p \end{bmatrix} = \begin{bmatrix} z_1, & \cdots, & z_l, & \cdots, & z_m \\ p_1, & \cdots, & p_l, & \cdots, & p_m \end{bmatrix} \tag{2-63}$$

其中，Y 表示信道输出的接收端未处理的信号，$Z=D(Y)$ 表示接收端处理后的信号。$z_l = \sum_{j \in m} y_l$，而 $m' \subset m$，即将 m' 个元素归并为一个子集合。其对应概率为

$$p_l = p(y_j \in z_l) = \sum_{j \in m'} q_j \tag{2-64}$$

在信息处理中，数据经过归并处理后，下列结论成立，即

$$I(X;\ Y) \geqslant I[X;\ D(Y)] \tag{2-65}$$

$$H(X) \geqslant I(X;\ Y_1^L) \geqslant I(X;\ Y_1^{L-1}) \geqslant \cdots I(X;\ Y_1^2) \geqslant I(X;\ Y_1) \geqslant 0 \tag{2-66}$$

其中，X 表示信道输入端的发送信号，Y 表示信道输出的接收端未处理的信号，$Z = D(Y)$ 表示接收端处理后的信号。

证明：式（2-63）

设　$p(X = x_i | Y = z_l) = p_{il}$，$p(X = x_i | Y = y_j) = Q_{ij}$，$pY = y_j = q_j$

所以　$$p(Y = z_l,\ X = x_i) = r_{il} = p_l P_{il} = \sum_{j \in m'} q_j Q_{ij}$$

则

$$I[X;\ D(Y)] - I(X;\ Y) = H(X) - H(X|D(Y)) - H(X) + H(X|Y)$$

$$= \sum_i \sum_l p_l P_{il} \log_2 P_{il} - \sum_i \sum_j q_j Q_{ij} \log_2 Q_{ij} = \sum_i \sum_l \sum_{j \in m'} q_j Q_{ij} \log_2 \frac{P_{il}}{Q_{ij}}$$

$$\leqslant \log_2 \left[\sum_i \sum_l \sum_{j \in m'} q_j Q_{ij} \times \log_2 \frac{P_{il}}{Q_{ij}} \right] \text{（由 Jensen 不等式）}$$

$$= \log_2 \sum_i \sum_l p_l P_{il} = \log_2 1 = 0$$

可见，经过分类或归并性信息处理后，信息只可能减少，不可能增加。这是一切归并性信息处理所遵守的基本原则，也是指导归并性数据处理理论的最基本定理。

证明：式（2-64）

先证：$I(X;\ Y_1^2) \geqslant I(X;\ Y_1)$，即

$$
\begin{aligned}
& I(X;\ Y_1) - I(X;\ Y_1^2) \\
&= H(X) - H(X|Y_1) - H(X) + H(X|Y_1Y_2) \\
&= \sum_i \sum_{j_1} q_{j_1} Q_{ij_1} \log_2 Q_{ij_1} - \sum_i \sum_{j_1} \sum_{j_2} q_{j_1j_2} Q_{ij_1j_2} \log_2 Q_{ij_1j_2} \\
&= \sum_i \sum_{j_1} \sum_{j_2} q_{j_1j_2} Q_{ij_1j_2} \log_2 \frac{Q_{ij_1}}{Q_{ij_1j_2}} \\
&\leqslant \log_2 \left[\sum_i \sum_{j_1} \sum_{j_2} q_{j_1j_2} Q_{ij_1j_2} \times \frac{Q_{ij_1}}{Q_{ij_1j_2}} \right] (\text{由 Jensen 不等式}) \\
&= \log_2 \left[\sum_i \sum_{j_1} \sum_{j_2} q_{j_1j_2} Q_{ij_1j_2} \right] = \log_2 \sum_i \sum_{j_1} q_{j_1} Q_{ij_1} = \log_2 1 = 0
\end{aligned}
$$

同理可证：$I(X,\ Y_1^3) \geqslant I(X,\ Y_1^2)$，故定理得证。

这个定理说明，要想从发送者、更精确的信息，即在信息处理中尽可能少地丢失信息，就必须付出代价。例如多次接触信源，在测量中多次独立测量，就可以提高测量精度。但是无论怎么增加测量次数，也决不会获得超过信源所提供的信息熵 $H(X)$。

2.5　本章小结

本章对后续章节研究中涉及的认知无线电网络频谱感知理论、卡尔曼滤波理论、留数理论、信息熵理论和信息不增性原理等相关知识进行介绍。在 2.1 节介绍了非协作频谱感知，也就是通常意义上的频谱检测（第 5 章中涉及）。在 2.2 节介绍了协作频谱感知（第 3 章、第 4 章中涉及）。在 2.3 节介绍了频谱检测技术面临的挑战。在 2.4 节介绍了卡尔曼滤波理论、留数理论、信息熵理论和信息不增性原理（第 3 章、第 5 章中涉及），这些相关知识为后续章节的讨论提供了理论基础。

第3章 广义衰落信道多天线协作频谱检测技术研究

本章进行广义衰落信道下多天线频谱协作感知与检测技术研究，本书中，研究采用的是基于矩母函数（moment generating function，MGF）方法。

本章主要内容安排如下：3.2~3.4节是本章内容的主体，基于MGF的方法，研究了κ-μ衰落信道频谱感知，介绍了κ-μ衰落信道模型，进行了κ-μ衰落信道下单天线频谱感知性能分析、MRC多天线频谱感知性能分析和SLC多天线频谱感知性能分析。3.5~3.6节基于MGF的方法，研究了η-μ衰落信道频谱感知，介绍了η-μ衰落信道模型，进行了η-μ衰落信道下EGC多天线频谱感知性能分析。最后，在理论分析的基础上，在广义衰落κ-μ信道和η-μ信道下，进行了仿真分析。

3.1 引　　言

近10年，随着无线通信服务和应用日新月异的发展，如Wi-Fi、WiMax、无线Mesh和协同通信等，这些通信服务和应用对无线频谱资源的需求也大幅度增长，导致无线频谱资源日益短缺。由于当前无线频谱的固定分配方式，导致频谱可用于无线通信的频谱粒粒可数，并且这些被分配的频谱大部分使用效率很低，据频谱管理机构调查，仅为15%~85%，因此，如何提高无线频谱的利用率成为一个迫切的急需解决的研究课题。

认知无线电由于其具有提高频谱效率的能力，引起了业界和学术界的极大关注。在认知无线电中，最重要的功能是频谱感知[8,46]。然而，由于多径衰落、阴影衰落、低信噪比、噪声不稳定和隐藏终端问题，一个单天线的认知用户不能可靠地区分主用户的行为，即授权频段是空闲还是被占用[47]。基于上面的因素，研究多天线协作频谱感知，通过多天线分集接收，进一步提高频谱检测性能。

根据第 2 章 2.2 节协作频谱感知部分，多天线分集频谱感知有以下六种方式：最大比值合并（MRC）、等增益合并（EGC）、选择式合并平方律合并（SLC）、平方律选择（SLS）和开关保持合并。在文献［48，18］中，在瑞利衰落信道下，作者研究了 MRC、SC 和 SSC 的频谱感知性能。在文献［49］中，在瑞利衰落、莱斯衰落和对数阴影衰落信道下，作者分析了 SLC、SLS 多天线分集接收方案的频谱感知性能。在文献［50，51］中，在 Nakagami-m 衰落信道下，作者分析了 EGC 多天线分集方式的频谱感知性能，推导出平均检测概率闭式表达式。

基于 PDF（概率密度函数）和基于 MGF 是两种基本的方法，用来推导衰落信道下频谱感知平均检测概率封闭式表达式[52]。基于 PDF 的方法，为了求得平均检测概率，需要求一个积分，被积函数是一个乘积，一个因数是 AWGN 信道下的检测概率，另一个因数是衰落信道下信噪比的 PDF，积分表达式是 Marcum-Q 函数的形式，或者无法得到积分结果，或者得到积分结果，但是计算复杂，增加了计算复杂度。文中基于 MGF 的方法，引入了留数定理，可以求得封闭式平均检测概率表达式。

对 κ-μ 衰落信道，学者们进行了广泛的研究。在文献[53]中，基于 Fox H-function 无限系列和，分析了单天线频谱感知性能，多天线协作频谱感知没有被研究。在文献[54]中，基于 Gauss Hypergeometic 函数，分析了逻辑 OR、逻辑 AND 判决规则下的频谱感知性能。根据了解，基于 MGF 的方法，在 κ-μ 衰落信道下，还没有文献分析其频谱感知性能。本书提出用 MGF 的方法，分析 κ-μ 衰落信道下的频谱感知性能。

对 κ-μ 衰落信道，我们分析了 κ-μ 衰落信道下单天线频谱感知性能，推导出单天线场景下的平均检测概率闭式表达式，分析随着参数 κ 和 μ 的变化，平均检测概率的变化，即参数 κ 和 μ 的变化对检测性能的影响。在此基础上，进一步讨论了 MRC 分集和 SLC 分集的 κ-μ 衰落信道频谱感知性能，推导出多天线场景下 MRC 分集和 SLC 分集的平均检测概率闭式表达式，分析了各种参数的变化，对多天线分集平均检测概率的影响。

对于 η-μ 衰落信道，在文献[55]中，单天线频谱感知性能分析、MRC 分集多天线频谱感知性能分析、SLC 分集多天线频谱感知性能分析已经讨论过，本书研究 EGC 分集的多天线频谱感知，推导出闭式平均检测概率表达式，并分析其频谱感知性能。

3.2 广义衰落信道

κ-μ 分布和 η-μ 分布，这两种分布可以通过测量物理参数 κ、η 和 μ 充分刻画[55]。κ-μ 分布包括莱斯（Nakagami-n）分布、Nakagami-m 分布、瑞利分布和单边高斯分布[56]，这些分布都是 κ-μ 分布的特殊情况。η-μ 分布包括 Hoyt（Nakagami-q）分布、Nakagami-m 分布、瑞利分布和单边高斯分布[56,57]，这些分布也都是 η-μ 分布的特殊情况。现场测量证明：κ-μ 分布和 η-μ 分布比经典的瑞利分布、莱斯分布和 Nakagami-m 分布更适合实验数据。κ-μ 分布适合于研究视距传播，η-μ 分布适合于研究非视距传播。

3.3 κ-μ 衰落信道

在视距传播条件下，一个广义的衰落模型称为 κ-μ 衰落信道模型，两个物理参数 $\kappa>0$ 和 $\mu>0$，用来描述 κ-μ 衰落信道模型。

在讨论 κ-μ 衰落信道前，先介绍在 AWGN 信道下的能量检测。

由第 2 章 2.1 节频谱检测模型部分有：检测概率和虚警概率分别为

$$P_d = Q_u(\sqrt{2\gamma},\ \sqrt{\lambda}) \tag{3-1}$$

$$P_f = \frac{\Gamma(u,\ \lambda/2)}{\Gamma(u)} \tag{3-2}$$

其中，γ 是信噪比，λ 是能量阈值，u 是时间带宽积，$Q_N(.,.)$ 是广义的马可函数，$\Gamma(.)$ 和 $\Gamma(.,.)$ 是完整的和不完整的伽马函数。

3.3.1 κ-μ 衰落信道模型

在 κ-μ 衰落信道下，γ 是接收信号的即时信噪比，则信噪比的概率密度函数为[58]

$$f_\gamma(\gamma) = \frac{\mu(1+\kappa)^{\frac{\mu+1}{2}}\gamma^{\frac{\mu-1}{2}}}{\kappa^{\frac{\mu-1}{2}}\exp(\mu\kappa)\bar{\gamma}^{\frac{\mu+1}{2}}}\exp\left(-\frac{\mu(1+\kappa)\gamma}{\bar{\gamma}}\right) \times I_{\mu-1}\left(2\mu\sqrt{\frac{\kappa(1+\kappa)\gamma}{\bar{\gamma}}}\right) \tag{3-3}$$

其中，κ 是一个比值，且 $\kappa=E_{domi}/E_{scatt}$，$E_{domi}$ 表示主要成分的总能量，E_{scatt} 表示发散波总能量。$\mu>0$，表示多径的数量，且 $\mu = [E^2(\gamma)/\mathrm{var}(\gamma)] \times [(1 +$

$2\kappa)]/(1+\kappa)^2]$，$E\{\cdot\}$ 表示数学期望，var $\{\cdot\}$ 表示方差。在式（3-3）中，$\bar{\gamma}$ 是平均信噪比，$I_v(\cdot)$ 是第一类修正的贝塞尔函数。

在 κ-μ 衰落信道下，即时信噪比 γ 的 MGF 的表达式如下[59]：

$$
\begin{aligned}
M_\gamma(s) &= E(-s\gamma) \\
&= \int_0^\infty \exp(-s\gamma) f_\gamma(\gamma)\,\mathrm{d}\gamma = \left(\frac{\mu(1+\kappa)}{\mu(1+\kappa)+s\bar{\gamma}}\right)^\mu \exp\left(\frac{\mu^2(1+\kappa)}{\mu(1+\kappa)+s\bar{\gamma}} - \mu\kappa\right) \\
&= \left(\frac{\mu(1+\kappa)}{\mu(1+\kappa)+s\bar{\gamma}}\right)^\mu \exp\left(\frac{s\mu\kappa\bar{\gamma}}{\mu(1+\kappa)+s\bar{\gamma}}\right) \\
&= \left(\frac{B}{1+B}\right)^\mu \frac{z^\mu}{\left(z-\frac{1}{1+B}\right)^\mu} \exp\left(\frac{(1-z)\mu\kappa}{(B+1)z-1}\right)
\end{aligned}
\tag{3-4}
$$

其中，参数 $s=1-1/z$，$A=\mu(1+\kappa)$ 和 $B=A/\bar{\gamma}$。

3.3.2　κ-μ 衰落信道单天线频谱感知性能分析

前面介绍了 κ-μ 衰落信道的 MGF，在 κ-μ 衰落信道下，基于 MGF 的方法，我们推导单天线场景下的平均检测概率 $\bar{P}_{d,\ \kappa-\mu}^{\mathrm{SA}}$。

对于独立同分布的 κ-μ 衰落信道，平均检测概率可以通过下面的积分来计算。被积函数是 AWGN 信道下的检测概率和 κ-μ 衰落信道下信噪比的概率密度函数，即 $\bar{P}_{d,\kappa-\mu}^{\mathrm{SA}}$ 的数学表达式为

$$
\bar{P}_{d,\kappa-\mu}^{\mathrm{SA}} = \int_0^\infty P_d f_\gamma(\gamma)\,\mathrm{d}\gamma \tag{3-5}
$$

本书中用 MGF 的方法计算平均检测概率 $\bar{P}_{d,\kappa-\mu}^{\mathrm{SA}}$，把广义的 Marcum-Q 函数表示为一个圆形轮廓积分，积分半径为 $r\in[0,1)$，式（3-5）可表示为

$$
\bar{P}_{d,\kappa-\mu}^{\mathrm{SA}} = \frac{\mathrm{e}^{-\frac{\lambda}{2}}}{j2\pi} \oint_\Delta \frac{\mathrm{e}^{\left(\frac{1}{z}-1\right)\gamma+\frac{\lambda}{2}z}}{z^u(1-z)}\mathrm{d}z \tag{3-6}
$$

其中，Δ 是积分轮廓，由式（3-3）、式（3-5）和式（3-6）得，在 κ-μ 衰落信道下，平均检测概率 $\bar{P}_{d,\kappa-\mu}^{\mathrm{SA}}$ 的表达式为

$$\bar{P}_{d,\kappa-\mu}^{\mathrm{SA}}=\int_0^{\infty}P_d f_\gamma(\gamma)\,\mathrm{d}\gamma=\frac{\mathrm{e}^{-\frac{\lambda}{2}}}{j2\pi}\oint_\Delta\left[\int_0^{\infty}\mathrm{e}^{\left(\frac{1}{z}-1\right)\gamma}f_\gamma(\gamma)\,\mathrm{d}\gamma\right]\times\frac{\mathrm{e}^{\frac{\lambda}{2}z}}{z^u(1-z)}\mathrm{d}z$$

$$=\frac{\mathrm{e}^{-\frac{\lambda}{2}}}{j2\pi}\oint_\Delta M_\gamma\left(1-\frac{1}{z}\right)\frac{\mathrm{e}^{\frac{\lambda}{2}z}}{z^u(1-z)}\mathrm{d}z \tag{3-7}$$

由于 $M_\gamma\left(1-\frac{1}{z}\right)=\int_0^{\infty}\mathrm{e}^{\left(\frac{1}{z}-1\right)\gamma}f_\gamma(\gamma)\,\mathrm{d}\gamma=M_\gamma(s)$，平均检测概率 $\bar{P}_{d,\kappa-\mu}^{\mathrm{SA}}$ 可表示为

$$\bar{P}_{d,\kappa-\mu}^{\mathrm{SA}}=\left(\frac{B}{1+B}\right)^{\mu}\frac{\mathrm{e}^{-\frac{\lambda}{2}}}{j2\pi}\oint_\Delta\left[\int_0^{\infty}\mathrm{e}^{\left(\frac{1}{z}-1\right)\gamma}f_\gamma(\gamma)\,\mathrm{d}\gamma\right]\times\frac{\mathrm{e}^{\frac{\lambda}{2}z}}{z^u(1-z)}\mathrm{d}z$$

$$=\left(\frac{B}{1+B}\right)^{\mu}\frac{\mathrm{e}^{-\frac{\lambda}{2}}}{j2\pi}\oint_\Delta p(z)\,\mathrm{d}z \tag{3-8}$$

定理 3.1：在 κ-μ 衰落信道下，单天线平均检测概率 $\bar{P}_{d,\kappa-\mu}^{\mathrm{SA}}$ 的表达式可表示如下。

情形 1：$u>\mu$。

$$\bar{P}_{d,\kappa-\mu}^{\mathrm{SA}}=\mathrm{e}^{-\frac{\lambda}{2}}\left(\frac{B}{1+B}\right)^{\mu}\times\left[\mathrm{Res}(p;\ 0)+\mathrm{Res}\left(p;\ \frac{1}{1+B}\right)\right]$$

情形 2：$u\leqslant\mu$。

$$\bar{P}_{d,\kappa-\mu}^{\mathrm{SA}}=\mathrm{e}^{-\frac{\lambda}{2}}\left(\frac{B}{1+B}\right)^{\mu}\times\left[\mathrm{Res}\left(p;\ \frac{1}{1+B}\right)\right]$$

证明：在式（3-8）中，

$$p(z)=\frac{\mathrm{e}^{\left(\frac{\lambda}{2}z+\frac{(1-z)\mu\kappa}{(B+1)z-1}\right)}}{z^{u-\mu}(1-z)\left(z-\frac{1}{1+B}\right)^{\mu}}=g(z)\cdot h(z) \tag{3-9}$$

$$g(z)=\frac{\mathrm{e}^{\frac{(1-z)\mu\kappa}{(B+1)z-1}}}{\left(z-\frac{1}{1+B}\right)^{\mu}}=\frac{\mathrm{e}^{\left(\frac{(1-z)\mu\kappa}{(B+1)(z-1/(1+B))}\right)}}{\left(z-\frac{1}{1+B}\right)^{\mu}} \tag{3-10}$$

$$h(z)=\frac{\mathrm{e}^{\frac{\lambda}{2}z}}{z^{u-\mu}(1-z)} \tag{3-11}$$

对式（3-10），应用拉格朗日级数扩展，可以推得

$$g(z)=\frac{\exp\left(\frac{(1-z)\mu\kappa}{(1+B)(z-1/(1+B))}\right)}{\left(z-\frac{1}{1+B}\right)^{\mu}}=\sum_{n=1}^{\infty}\frac{(\mu\kappa)^{n-1}(1-z)^{n-1}}{(n-1)!\ (1+B)^{n-1}\left(z-\frac{1}{1+B}\right)^{\mu+n-1}} \tag{3-12}$$

因此，$p(z)$ 可表示为

$$\begin{aligned}p(z)&=\frac{e^{\left(\frac{\lambda}{2}z+\frac{(1-z)\mu\kappa}{(B+1)z-1}\right)}}{z^{u-\mu}(1-z)\left(z-\frac{1}{1+B}\right)^{\mu}}=g(z)h(z)\\&=\sum_{n=1}^{\infty}\frac{(\mu\kappa)^{n-1}(1-z)^{n-1}}{(n-1)!\ (1+B)^{n-1}\left(z-\frac{1}{1+B}\right)^{\mu+n-1}}\frac{e^{\frac{\lambda}{2}z}}{z^{u-\mu}(1-z)}\\&=\sum_{n=1}^{\infty}\frac{(\mu\kappa)^{n-1}}{(n-1)!\ (1+B)^{n-1}}\frac{(1-z)^{n-1}e^{\frac{\lambda}{2}z}}{\left(z-\frac{1}{1+B}\right)^{\mu+n-1}z^{u-\mu}(1-z)}\end{aligned} \tag{3-13}$$

为了计算式（3-8）中的圆形积分，引入留数定理[60]，通过计算 $p(z)$ 的留数来计算平均检测概率 $\overline{P}_{d,\kappa-\mu}^{SA}$。根据 $p(z)$ 的表达式，有两种情形需要讨论。

情形1：$u>\mu$。

在这种情形下，在原点，式（3-13）包含有 $u-\mu$ 阶极点，在 $1/(1+B)$ 点，式（3-13）包含有 $\mu+n-1$ 阶极点，因此，平均检测概率可表示为

$$\overline{P}_{d,\kappa-\mu}^{SA}=e^{-\frac{\lambda}{2}}\left(\frac{B}{1+B}\right)^{\mu}\times\left[\mathrm{Res}(p;\ 0)+\mathrm{Res}\left(p;\ \frac{1}{1+B}\right)\right] \tag{3-14}$$

其中，$\mathrm{Res}(p;\ 0)$ 是 $p(z)$ 在原点的留数，$\mathrm{Res}\left(p;\ \frac{1}{1+B}\right)$ 是 $p(z)$ 在 $1/(1+B)$ 点的留数。留数 $\mathrm{Res}(p;\ 0)$ 和 $\mathrm{Res}\left(p;\ \frac{1}{1+B}\right)$ 的表达式分别为

$$\mathrm{Res}(p;\ 0)=\sum_{n=1}^{\infty}\frac{(\mu\kappa)^{n-1}}{(n-1)!\ (1+B)^{n-1}}\times\left[\frac{1}{(u-\mu-1)!}\times\frac{d^{u-\mu-1}}{dz^{u-\mu-1}}\frac{e^{\frac{\lambda}{2}z}(1-z)^{n-1}}{(1-z)\left(z-\frac{1}{1+B}\right)^{\mu}}\right]\Bigg|_{z=0} \tag{3-15}$$

$$\mathrm{Res}\left(p;\ \frac{1}{1+B}\right)=\sum_{n=1}^{\infty}\frac{(\mu\kappa)^{n-1}}{(n-1)!\ (1+B)^{n-1}}\times\left[\frac{1}{(\mu+n-2)!}\frac{\mathrm{d}^{\mu+n-2}}{\mathrm{d}z^{\mu+n-2}}\frac{\mathrm{e}^{\frac{\lambda}{2}z}(1-z)^{n-1}}{z^{u-\mu}(1-z)}\right]\Bigg|_{z=\frac{1}{1+B}} \tag{3-16}$$

情形 2：$u\leqslant\mu$。

在这种情况下，$p(z)$ 在原点没有极点；$p(z)$ 在 $1/(1+B)$ 点有 $\mu+n-1$ 阶极点，因此，平均检测概率的表达式为

$$\overline{P}_{d,\kappa-\mu}^{\mathrm{SA}}=\mathrm{e}^{-\frac{\lambda}{2}}\left(\frac{B}{1+B}\right)^{\mu}\times\left[\mathrm{Res}\left(p;\ \frac{1}{1+B}\right)\right] \tag{3-17}$$

证明完毕。

3.3.3　MRC 分集 κ-μ 衰落信道下频谱感知性能分析

多天线信号检测系统模型如图 3-1 所示，从图 3-1 可以看出，主用户有 1 根天线，认知用户有 L 根天线，假定主用户天线和认知用户第 l 根天线之间的信道是 κ-μ 衰落信道，认知用户第 l 根天线接收到的信号 $r_l(t)$ 可以表示为

$$r_l(t)=h_l s(t)+n(t) \tag{3-18}$$

其中，$s(t)$ 是主用户发射的信号，$n(t)$ 是加性高斯白噪声，h_l 是 κ-μ 衰落信道的信道增益。认知用户接收主用户信号，根据多天线分集接收方案，认知用户处理来自多个天线上的主用户信号，经过二进制假设判决，得到主用户是否占用授权频段的判决结果。

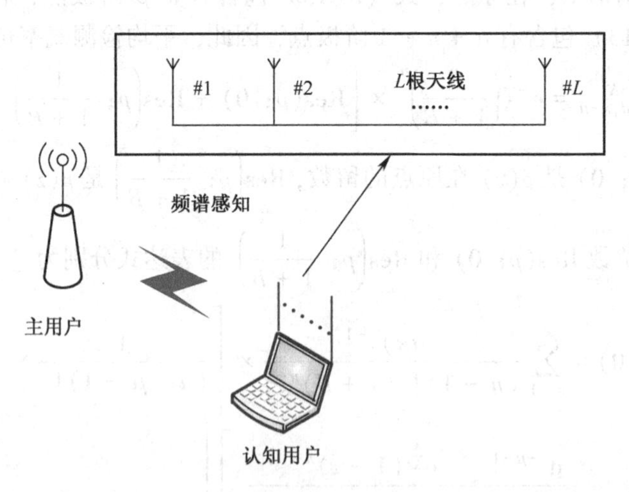

图 3-1　多天线信号检测系统模型

下面讨论 MRC 分集的 κ-μ 衰落信道频谱感知性能。在 MRC 分集接收方

案中，我们假定信道状态信息在认知用户接收机是可获得的，这种假定的目的是得到检测性能的统一标准，以便与其他分集接收方案的性能进行比较，这种思想和做法我们参考了文献[50]，同时也参考了文献[61-66]。

在 AWGN 信道下，MRC 多天线分集接收方案，平均检测概率和虚警概率的表达式分别为[39,67-68]

$$P_{d,\mathrm{AWGN}}^{\mathrm{MRC}}=Q_u(\sqrt{2\gamma_{\mathrm{MRC}}},\ \sqrt{\lambda}) \tag{3-19}$$

$$P_{f,\mathrm{AWGN}}^{\mathrm{MRC}}=\frac{\Gamma(u,\ \lambda/2)}{\Gamma(u)} \tag{3-20}$$

其中，$\gamma_{\mathrm{MRC}}=\sum_{i=1}^{L}\gamma_i$ 是 MRC 合并器输出的即时信噪比，对于独立同分布的 $\kappa-\mu$ 衰落信道，γ_{MRC}的 MGF 可以表示为

$$\begin{aligned}M_{\gamma_{\mathrm{MRC}}}(s)&=[M_\gamma(s)]^L=\left[\left(\frac{\mu(1+\kappa)}{\mu(1+\kappa)+s\bar{\gamma}}\right)^{\mu}\times\exp\left(\frac{-s\mu\kappa\bar{\gamma}}{\mu(1+\kappa)+s\bar{\gamma}}\right)\right]^L\\&=\left(\frac{\mu(1+\kappa)}{\mu(1+\kappa)+s\bar{\gamma}}\right)^{L\mu}\exp\left(\frac{-Ls\mu\kappa\bar{\gamma}}{\mu(1+\kappa)+s\bar{\gamma}}\right)\end{aligned} \tag{3-21}$$

根据式（3-6）、式（3-19）和式（3-21）得，MRC 分集接收方案，在 $\kappa-\mu$ 衰落信道下，平均检测概率 $\bar{P}_{d,\kappa-\mu}^{\mathrm{MRC}}$ 可以表示为

$$\begin{aligned}\bar{P}_{d,\kappa-\mu}^{\mathrm{MRC}}&=\frac{\mathrm{e}^{-\frac{\lambda}{2}}}{j2\pi}\oint_{\Delta}[M_\gamma(s)]^L\frac{\mathrm{e}^{\frac{\lambda}{2}z}}{z^u(1-z)}\mathrm{d}z\\&=\frac{\mathrm{e}^{-\frac{\lambda}{2}}}{j2\pi}\oint_{\Delta}\left(\frac{B}{1+B}\right)^{L\mu}\frac{z^{L\mu}}{\left(z-\frac{1}{1+B}\right)^{L\mu}}\exp\left(\frac{(1-z)L\mu\kappa}{(B+1)z-1}\right)\times\frac{\mathrm{e}^{\frac{\lambda}{2}z}}{z^u(1-z)}\mathrm{d}z\\&=\left(\frac{B}{1+B}\right)^{L\mu}\frac{\mathrm{e}^{-\frac{\lambda}{2}}}{j2\pi}\oint_{\Delta}p_{\mathrm{MRC}}(z)\,\mathrm{d}z\end{aligned} \tag{3-22}$$

定理 3.2：MRC 多天线信号检测分集接收方案，对于独立同分布的 $\kappa-\mu$ 衰落信道，平均检测概率 $\bar{P}_{d,k-\mu}^{\mathrm{MRC}}$ 可以表示为如下两种情形。

情形 1：$u>L\mu$。

$$\bar{P}_{d,\kappa-\mu}^{\mathrm{MRC}}=\mathrm{e}^{-\frac{\lambda}{2}}\left(\frac{B}{1+B}\right)^{L\mu}\times\left[\mathrm{Res}(p_{\mathrm{MRC}};\ 0)+\mathrm{Res}\left(p_{\mathrm{MRC}};\ \frac{1}{1+B}\right)\right]$$

情形 2：$u\leqslant L\mu$。

$$\bar{P}_{d,\kappa-\mu}^{\mathrm{MRC}}=\mathrm{e}^{-\frac{\lambda}{2}}\left(\frac{B}{1+B}\right)^{L\mu}\times\left[\mathrm{Res}\left(p_{\mathrm{MRC}};\ \frac{1}{1+B}\right)\right]$$

证明：在式（3-22）中，

$$p_{\mathrm{MRC}}(z)=\frac{\mathrm{e}^{\left(\frac{\lambda}{2}z+\frac{(1-z)L\mu\kappa}{(B+1)z-1}\right)}}{z^{u-L\mu}(1-z)\left(z-\frac{1}{1+B}\right)^{L\mu}}=g_1(z)h_1(z) \tag{3-23}$$

$$g_1(z)=\frac{\mathrm{e}^{\left(\frac{(1-z)L\mu\kappa}{(B+1)z-1}\right)}}{\left(z-\frac{1}{1+B}\right)^{L\mu}}=\frac{\mathrm{e}^{\left(\frac{(1-z)L\mu\kappa}{(B+1)\left(z-\frac{1}{1+B}\right)}\right)}}{\left(z-\frac{1}{1+B}\right)^{L\mu}} \tag{3-24}$$

$$h_1(z)=\frac{\mathrm{e}^{\frac{\lambda}{2}z}}{z^{u-L\mu}(1-z)} \tag{3-25}$$

对 $g_1(z)$ 运用拉格朗日级数扩展，有下列表达式

$$g_1(z)=\frac{\mathrm{e}^{\left(\frac{(1-z)L\mu\kappa}{(B+1)z-1}\right)}}{\left(z-\frac{1}{1+B}\right)^{L\mu}}=\frac{\mathrm{e}^{\left(\frac{(1-z)L\mu\kappa}{(B+1)\left(z-\frac{1}{1+B}\right)}\right)}}{\left(z-\frac{1}{1+B}\right)^{L\mu}}=\sum_{n=1}^{\infty}\frac{(L\mu\kappa)^{n-1}(1-z)^{n-1}}{(n-1)!\ (1+B)^{n-1}\left(z-\frac{1}{1+B}\right)^{L\mu+n-1}} \tag{3-26}$$

因此 $p_{\mathrm{MRC}}(z)$ 可以表示为

$$\begin{aligned}p_{\mathrm{MRC}}(z)&=\frac{\mathrm{e}^{\left(\frac{\lambda}{2}z+\frac{(1-z)L\mu\kappa}{(B+1)z-1}\right)}}{z^{u-L\mu}(1-z)\left(z-\frac{1}{1+B}\right)^{L\mu}}=g_1(z)h_1(z)\\&=\sum_{n=1}^{\infty}\frac{(L\mu\kappa)^{n-1}(1-z)^{n-1}}{(n-1)!\ (1+B)^{n-1}\left(z-\frac{1}{1+B}\right)^{L\mu+n-1}}\times\frac{\mathrm{e}^{\frac{\lambda}{2}z}}{z^{u-L\mu}(1-z)}\\&=\sum_{n=1}^{\infty}\frac{(L\mu\kappa)^{n-1}}{(n-1)!\ (1+B)^{n-1}}\frac{\mathrm{e}^{\frac{\lambda}{2}z}(1-z)^{n-1}}{\left(z-\frac{1}{1+B}\right)^{L\mu+n-1}z^{u-L\mu}(1-z)}\end{aligned} \tag{3-27}$$

为了由式（3-22）和式（3-27）得到平均检测概率 $\overline{P}_{d,\kappa-\mu}^{\mathrm{MRC}}$，可以通过下列参数变化：$\mu\rightarrow L\mu$ 根据 $p_{\mathrm{MRC}}(z)$，需要考虑下列两种情形。

情形 1：$u>L\mu$。

在这种情况下，式（3-27）中在 $z=0$ 处有 $u-L\mu$ 阶极点，在 $z=1/(1+B)$ 处有 $L\mu+n-1$ 阶极点。因此，平均检测概率 $\overline{P}_{d,\kappa-\mu}^{\mathrm{MRC}}$ 的表达式为

$$\overline{P}_{d,\kappa-\mu}^{\mathrm{MRC}}=\mathrm{e}^{-\frac{\lambda}{2}}\left(\frac{B}{1+B}\right)^{L\mu}\times\left[\mathrm{Res}(p_{\mathrm{MRC}};\ 0)+\mathrm{Res}\left(p_{\mathrm{MRC}};\ \frac{1}{1+B}\right)\right] \tag{3-28}$$

其中，$\mathrm{Res}(p_{\mathrm{MRC}};0)$ 是函数 $p_{\mathrm{MRC}}(z)$ 在原点的留数，而 $\mathrm{Res}\left(p_{\mathrm{MRC}};\frac{1}{1+B}\right)$ 是函数 $p_{\mathrm{MRC}}(z)$ 在 $1/(1+B)$ 的留数，留数的表达式分别为

$$\mathrm{Res}(p_{\mathrm{MRC}};0)=\sum_{n=1}^{\infty}\frac{(L\mu\kappa)^{n-1}}{(n-1)!\,(1+B)^{n-1}}\times\left[\frac{1}{(u-L\mu-1)!}\frac{\mathrm{d}^{u-L\mu-1}}{\mathrm{d}z^{u-L\mu-1}}\frac{\mathrm{e}^{\frac{\lambda}{2}z}(1-z)^{n-1}}{(1-z)\left(z-\frac{1}{1+B}\right)^{L\mu}}\right]\Bigg|_{z=0} \tag{3-29}$$

$$\mathrm{Res}\left(p_{\mathrm{MRC}};\frac{1}{1+B}\right)=\sum_{n=1}^{\infty}\frac{(L\mu\kappa)^{n-1}}{(n-1)!\,(1+B)^{n-1}}\times\left[\frac{1}{(L\mu+n-2)!}\times\frac{\mathrm{d}^{L\mu+n-2}}{\mathrm{d}z^{L\mu+n-2}}\frac{\mathrm{e}^{\frac{\lambda}{2}z}(1-z)^{n-1}}{z^{u-L\mu}(1-z)}\right]\Bigg|_{z=\frac{1}{1+B}} \tag{3-30}$$

情形 2：$u\leqslant L\mu$。

在这种情况下，函数 $p_{\mathrm{MRC}}(z)$ 在原点没有极点，仅仅在 $1/(1+B)$ 处有 $L\mu+n-1$ 阶极点，因此，平均检测概率 $\overline{P}_{d,\kappa-\mu}^{\mathrm{MRC}}$ 的表达式为

$$\overline{P}_{d,\kappa-\mu}^{\mathrm{MRC}}=\mathrm{e}^{-\frac{\lambda}{2}}\left(\frac{B}{1+B}\right)^{L\mu}\times\left[\mathrm{Res}\left(p_{\mathrm{MRC}};\frac{1}{1+B}\right)\right] \tag{3-31}$$

证明完毕。

3.3.4　SLC 分集 κ-μ 衰落信道下频谱感知性能分析

在 AWGN 信道下，SLC 分集接收方案，平均检测概率和虚警概率的表达式分别为[39,68-70]

$$P_{d,\mathrm{AWGN}}^{\mathrm{SLC}}=Q_{Lu}(\sqrt{2\gamma_{\mathrm{SLC}}},\sqrt{\lambda}) \tag{3-32}$$

$$P_{f,\mathrm{AWGN}}^{\mathrm{SLC}}=\frac{\Gamma(Lu,\lambda/2)}{\Gamma(Lu)} \tag{3-33}$$

其中，$\gamma_{\mathrm{SLC}}=\sum_{i=1}^{L}\gamma_i$ 是 SLC 合并器输出的即时信噪比，对于独立同分布的 $\kappa-\mu$ 衰落信道，γ_{SLC} 的 MGF 可以表示为

$$M_{\gamma_{\mathrm{SLC}}}(s)=[M_\gamma(s)]^L=\left[\left(\frac{\mu(1+\kappa)}{\mu(1+\kappa)+s\bar{\gamma}}\right)^{\mu}\exp\left(\frac{-s\mu\kappa\bar{\gamma}}{\mu(1+\kappa)+s\bar{\gamma}}\right)\right]^L$$
$$=\left(\frac{\mu(1+\kappa)}{\mu(1+\kappa)+s\bar{\gamma}}\right)^{L\mu}\exp\left(\frac{-Ls\mu\kappa\bar{\gamma}}{\mu(1+\kappa)+s\bar{\gamma}}\right) \tag{3-34}$$

根据式（3-32）和式（3-34）得，SLC 分集接收方案，平均检测概率 $\overline{P}_{d,\kappa-\mu}^{\mathrm{SLC}}$ 可以表示为

$$\overline{P}_{d,\kappa-\mu}^{\mathrm{SLC}}=\frac{\mathrm{e}^{-\frac{\lambda}{2}}}{j2\pi}\oint_{\Delta}[M_\gamma(s)]^L\frac{\mathrm{e}^{\frac{\lambda}{2}z}}{z^{Lu}(1-z)}\mathrm{d}z$$
$$=\frac{\mathrm{e}^{-\frac{\lambda}{2}}}{j2\pi}\oint_{\Delta}\left(\frac{B}{1+B}\right)^{L\mu}\frac{z^{L\mu}}{\left(z-\frac{1}{1+B}\right)^{L\mu}}\exp\left(\frac{(1-z)L\mu\kappa}{(B+1)z-1}\right)\times\frac{\mathrm{e}^{\frac{\lambda}{2}z}}{z^{Lu}(1-z)}\mathrm{d}z$$
$$=\left(\frac{B}{1+B}\right)^{L\mu}\frac{\mathrm{e}^{-\frac{\lambda}{2}}}{j2\pi}\oint_{\Delta}p_{\mathrm{SLC}}(z)\,\mathrm{d}z \tag{3-35}$$

定理 3.3：SLC 多天线信号检测分集接收方案，对于独立同分布的 κ-μ 衰落信道，平均检测概率 $\overline{P}_{d,\kappa-\mu}^{\mathrm{SLC}}$ 可以表示如下。

情形 1：$u>\mu$。

$$\overline{P}_{d,\kappa-\mu}^{\mathrm{SLC}}=\mathrm{e}^{-\frac{\lambda}{2}}\left(\frac{B}{1+B}\right)^{L\mu}\times\left[\mathrm{Res}(p_{\mathrm{SLC}};\ 0)+\mathrm{Res}\left(p_{\mathrm{SLC}};\ \frac{1}{1+B}\right)\right]$$

情形 2：$u\leqslant\mu$。

$$\overline{P}_{d,\kappa-\mu}^{\mathrm{SLC}}=\mathrm{e}^{-\frac{\lambda}{2}}\left(\frac{B}{1+B}\right)^{L\mu}\times\left[\mathrm{Res}\left(p_{\mathrm{SLC}};\ \frac{1}{1+B}\right)\right]$$

证明：式（3-35）中，

$$p_{\mathrm{SLC}}(z)=\frac{\mathrm{e}^{\left(\frac{\lambda}{2}z+\frac{(1-z)L\mu\kappa}{(B+1)z-1}\right)}}{z^{Lu-L\mu}(1-z)\left(z-\frac{1}{1+B}\right)^{L\mu}}=g_2(z)h_2(z) \tag{3-36}$$

$$g_2(z)=\frac{\mathrm{e}^{\left(\frac{(1-z)L\mu\kappa}{(B+1)z-1}\right)}}{\left(z-\frac{1}{1+B}\right)^{L\mu}}=\frac{\mathrm{e}^{\left(\frac{(1-z)L\mu\kappa}{(B+1)\left(z-\frac{1}{1+B}\right)}\right)}}{\left(z-\frac{1}{1+B}\right)^{L\mu}} \tag{3-37}$$

$$h_2(z)=\frac{\exp(\lambda z/2)}{z^{Lu-L\mu}(1-z)} \tag{3-38}$$

对 $g_2(z)$ 运用拉格朗日级数扩展，有下列表达式

$$g_2(z)=\frac{\mathrm{e}^{\left(\frac{(1-z)L\mu\kappa}{(B+1)z-1}\right)}}{\left(z-\frac{1}{1+B}\right)^{L\mu}}=\frac{\mathrm{e}^{\left(\frac{(1-z)L\mu\kappa}{(B+1)\left(z-\frac{1}{1+B}\right)}\right)}}{\left(z-\frac{1}{1+B}\right)^{L\mu}}=\sum_{n=1}^{\infty}\frac{(L\mu\kappa)^{n-1}(1-z)^{n-1}}{(n-1)!\ (1+B)^{n-1}\left(z-\frac{1}{1+B}\right)^{L\mu+n-1}} \tag{3-39}$$

$$\begin{aligned}p_{\mathrm{SLC}}(z)&=\frac{\mathrm{e}^{\left(\frac{\lambda}{2}z+\frac{(1-z)L\mu\kappa}{(B+1)z-1}\right)}}{z^{Lu-L\mu}(1-z)\left(z-\frac{1}{1+B}\right)^{L\mu}}=g_2(z)h_2(z)\\&=\sum_{n=1}^{\infty}\frac{(L\mu\kappa)^{n-1}(1-z)^{n-1}}{(n-1)!\ (1+B)^{n-1}\left(z-\frac{1}{1+B}\right)^{L\mu+n-1}}\times\frac{\mathrm{e}^{\frac{\lambda}{2}z}}{z^{Lu-L\mu}(1-z)}\\&=\sum_{n=1}^{\infty}\frac{(L\mu\kappa)^{n-1}}{(n-1)!\ (1+B)^{n-1}}\times\frac{\mathrm{e}^{\frac{\lambda}{2}z}(1-z)^{n-1}}{\left(z-\frac{1}{1+B}\right)^{L\mu+n-1}z^{Lu-L\mu}(1-z)}\end{aligned} \tag{3-40}$$

为了由式（3-35）和式（3-40）得到平均检测概率 $\overline{P}_{d,\kappa-\mu}^{\mathrm{SLC}}$，可以通过下列参数变化：$u\to Lu$，$\mu\to L\mu$。根据 $p_{\mathrm{SLC}}(z)$，需要考虑下列两种情形。

情形1：$u>\mu$。

在这种情形下，函数 $p_{\mathrm{SLC}}(z)$ 在原点有 $Lu-L\mu$ 阶极点，在 $1/(1+B)$ 有 $L\mu+n-1$ 阶极点，因此，平均检测概率 $\overline{P}_{d,\kappa-\mu}^{\mathrm{SLC}}$ 的表达式为

$$\overline{P}_{d,\kappa-\mu}^{\mathrm{SLC}}=\mathrm{e}^{-\frac{\lambda}{2}}\left(\frac{B}{1+B}\right)^{L\mu}\times\left[\mathrm{Res}(p_{\mathrm{SLC}};\ 0)+\mathrm{Res}\left(p_{\mathrm{SLC}};\ \frac{1}{1+B}\right)\right] \tag{3-41}$$

其中，$\mathrm{Res}(p_{\mathrm{SLC}};\ 0)$ 是函数 $p_{\mathrm{SLC}}(z)$ 在原点的留数，$\mathrm{Res}\left(p_{\mathrm{SLC}};\ \frac{1}{1+B}\right)$ 是函数 $p_{\mathrm{SLC}}(z)$ 在 $1/(1+B)$ 处的留数。两个留数的表达式为

$$\mathrm{Res}(p_{\mathrm{SLC}};\ 0)=\sum_{n=1}^{\infty}\frac{(L\mu\kappa)^{n-1}}{(n-1)!\ (1+B)^{n-1}}\times\left[\frac{1}{(Lu-L\mu-1)!}\times\frac{\mathrm{d}^{Lu-L\mu-1}}{\mathrm{d}z^{Lu-L\mu-1}}\frac{\mathrm{e}^{\frac{\lambda}{2}z}(1-z)^{n-1}}{(1-z)\left(z-\frac{1}{1+B}\right)^{L\mu+n-1}}\right]\Bigg|_{z=0} \tag{3-42}$$

$$\operatorname{Res}\left(p_{\mathrm{SLC}};\ \frac{1}{1+B}\right)=\sum_{n=1}^{\infty}\frac{(L\mu\kappa)^{n-1}}{(n-1)!\ (1+B)^{n-1}}\times$$
$$\left[\frac{1}{(L\mu+n-2)!}\times\frac{\mathrm{d}^{L\mu+n-2}}{\mathrm{d}z^{L\mu+n-2}}\frac{\mathrm{e}^{\frac{\lambda}{2}z}(1-z)^{n-1}}{z^{Lu-L\mu}(1-z)}\right]\Bigg|_{z=\frac{1}{1+B}} \tag{3-43}$$

情形 2：$u\leqslant\mu$。

在这种情况下，函数 $p_{\mathrm{SLC}}(z)$ 只有在 $1/(1+B)$ 处有 $L\mu+n-1$ 阶极点，在原点没有极点，因此，平均检测概率 $\overline{P}_{d,\kappa-\mu}^{\mathrm{SLC}}$ 的表达式为

$$\overline{P}_{d,\kappa-\mu}^{\mathrm{SLC}}=\mathrm{e}^{-\frac{\lambda}{2}}\left(\frac{B}{1+B}\right)^{L\mu}\times\left[\operatorname{Res}\left(p_{\mathrm{SLC}};\ \frac{1}{1+B}\right)\right] \tag{3-44}$$

证明完毕。

3.4 κ-μ 衰落信道下频谱感知仿真结果和分析

本节对 κ-μ 衰落信道下，基于 MGF 方法的各种情形的频谱检测性能进行仿真分析，仿真分析如表 3-1～表 3-4 所示，包括单天线频谱感知性能、MRC 分集的频谱感知性能和 SLC 分集的频谱感知性能。数值结果分析图包括：图 3-2所示不同平均信噪比单天线平均检测概率对参数 κ 性能比较曲线，基于 κ-μ 衰落信道；图 3-3 所示不同平均信噪比单天线平均检测概率对参数 μ 性能比较曲线，基于 κ-μ 衰落信道；图 3-4 所示不同平均信噪比单天线平均检测概率对虚警概率性能比较曲线，基于 κ-μ 衰落信道；图 3-5 不同天线数的 MRC 和 SLC 多天线分集平均检测概率对虚警概率的性能比较曲线，基于 κ-μ 衰落信道。从仿真结果和分析图中可以看出，对比曲线几乎完全吻合，验证了理论推导的正确性

表 3-1　图 3-2 仿真参数

参　数	参 数 值
虚警概率 P_f	0.1
参数 μ	1
平均信噪比 SNR/dB	3
时间带宽积 u	2

表3-2　图3-3仿真参数

参　数	参 数 值
虚警概率 P_f	0.1
参数 κ	1
平均信噪比 SNR/dB	4~10
时间带宽积 u	1

表3-3　图3-4仿真参数

参　数	参 数 值
参数 κ	4
参数 μ	2
平均信噪比 SNR/dB	-5~10
时间带宽积 u	3

表3-4　图3-5仿真参数

参　数	参 数 值
虚警概率 P_f	0~1
参数 κ	4
参数 μ	1
平均信噪比 SNR/dB	5
时间带宽积 u	3

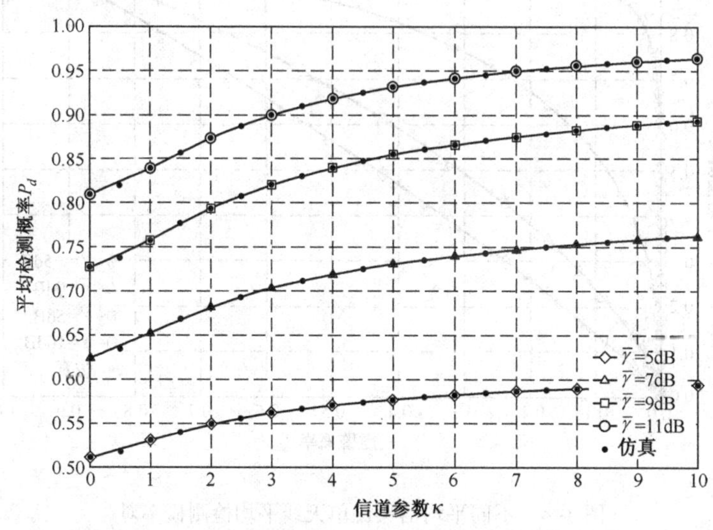

图3-2　不同平均信噪比单天线平均检测概率对参数 κ 性能比较曲线，基于 κ-μ 衰落信道

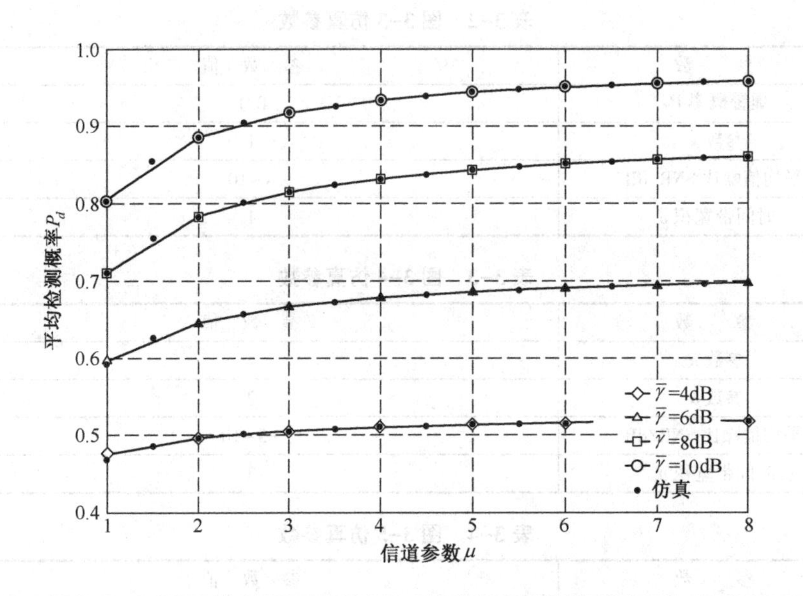

图 3-3 不同平均信噪比单天线平均检测概率对参数 μ 性能比较曲线，基于 κ-μ 衰落信道

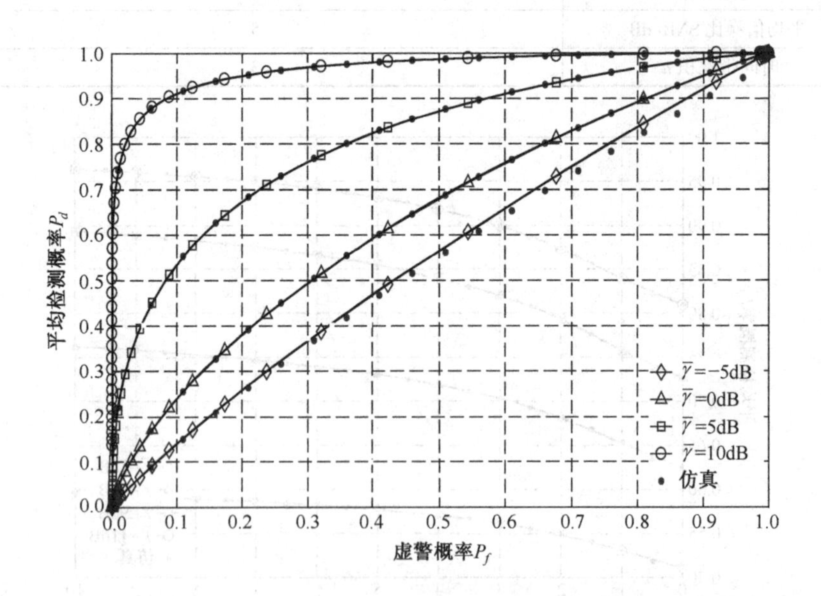

图 3-4 不同平均信噪比单天线平均检测概率对虚警概率性能比较曲线，基于 κ-μ 衰落信道

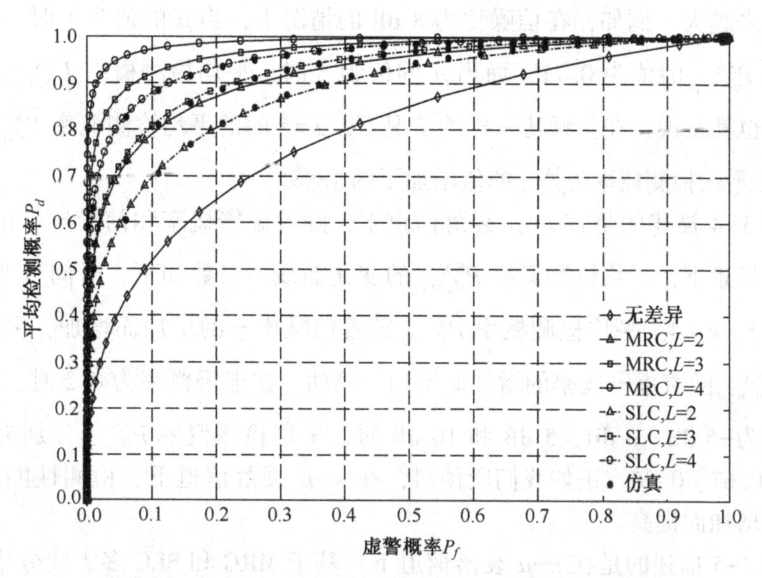

图 3-5　不同天线数的 MRC 和 SLC 多天线分集平均检测概率对虚警概率的性能比较曲线，基于 κ-μ 衰落信道

图 3-2 描述的是在 κ-μ 衰落信道下，随着的参数 κ 和信噪比 γ 的变化，单天线场景下，平均检测概率 $\overline{P}_{d,\kappa-\mu}^{\mathrm{SA}}$ 的变化曲线。参数如下：虚警概率 P_f = 0.1，时间带宽积 u=2，μ=1。从图 3-2 可以看出，当参数 κ 的值从 0 增加到 8 或信噪比 γ 的值由 5 dB 增加到 8 dB 时，平均检测概率 $\overline{P}_{d,\kappa-\mu}^{\mathrm{SA}}$ 有显著的增加。根据 κ-μ 衰落信道模型部分所述，κ 的物理意义是主波能量和发散波能量的比值，κ 越大意味着主波的能量越大，信号更容易被检测到，故随着 κ 的增加，检测概率也越来越大。例如，在信噪比为 9 dB 的情况下，当 κ 的值为 0 时，平均检测概率 $\overline{P}_{d,\kappa-\mu}^{\mathrm{SA}}$ 的值为 0.73；而当 κ 的值为 6 时，平均检测概率 $\overline{P}_{d,\kappa-\mu}^{\mathrm{SA}}$ 的值为 0.86。同样地，在 κ 为 6 的情况下，当信噪比为 5 dB 时，平均检测概率 $\overline{P}_{d,\kappa-\mu}^{\mathrm{SA}}$ 的值为 0.58，而当信噪比为 7 dB 时，平均检测概率 $\overline{P}_{d,\kappa-\mu}^{\mathrm{SA}}$ 的值为 0.73。

图 3-3 描述的是在 κ-μ 衰落信道下，随着的参数 μ 和信噪比 γ 的变化，单天线场景下，平均检测概率 $\overline{P}_{d,\kappa-\mu}^{\mathrm{SA}}$ 的变化曲线。参数如下：虚警概率 P_f = 0.1，时间带宽积 u=1，κ=1。从图 3-3 可以看出，当参数 μ 的值从 1 增加到 8 或信噪比 γ 的值由 4 dB 增加到 10 dB 时，平均检测概率 $\overline{P}_{d,\kappa-\mu}^{\mathrm{SA}}$ 有显著的增加。根据 κ-μ 衰落信道模型部分所述，μ 的物理意义是表示多径衰落信道的数量，多径衰落信道的数量越多，信号越容易被检测到，故随着 μ 的增加，检测

概率越来越大。例如，在信噪比为 8 dB 的情况下，当 μ 的值为 1 时，平均检测概率 $\overline{P}_{d,\kappa-\mu}^{SA}$ 的值为 0.71，而当 μ 的值为 5 时，平均检测概率 $\overline{P}_{d,\kappa-\mu}^{SA}$ 的值为 0.84，也就是说，在信噪比一样的情况下，$\mu=5$ 时的平均检测概率 $\overline{P}_{d,\kappa-\mu}^{SA}$ 的值比 $\mu=1$ 平均检测概率 $\overline{P}_{d,\kappa-\mu}^{SA}$ 的值增加了约 18%。

图 3-4 描述的是在 $\kappa-\mu$ 衰落信道下，随着虚警概率和信噪比 γ 的变化，单天线场景下，平均检测概率 $\overline{P}_{d,\kappa-\mu}^{SA}$ 的变化曲线。参数如下：时间带宽积 $u=3$，$\mu=2$，$\kappa=4$。平均检测概率 $\overline{P}_{d,\kappa-\mu}^{SA}$ 随着信噪比 γ 的增加而增加，平均检测概率 $\overline{P}_{d,\kappa-\mu}^{SA}$ 随着虚警概率的增加而增加。例如，在虚警概率为 0.2 时，当信噪比分别为-5 dB、0 dB、5 dB 和 10 dB 时，平均检测概率 $\overline{P}_{d,\kappa-\mu}^{SA}$ 分别为 0.26、0.39、0.67、0.96。正如我们所预料，在 $\kappa-\mu$ 衰落信道下，检测性能随着信噪比的增加而提高。

图 3-5 描述的是在 $\kappa-\mu$ 衰落信道下，基于 MRC 和 SLC 多天线分集接收，平均检测概率 $\overline{P}_{d,\kappa-\mu}^{MRC}$ 和 $\overline{P}_{d,\kappa-\mu}^{SLC}$ 随着天线数的变化的检测性能曲线。参数如下：$u=3$，$\mu=1$，$\kappa=4$，$\overline{\gamma}=5\text{dB}$。从图 3-5 可以看出，和单天线相比，多天线分集接收方案 MRC 和 SLC 取得了显著的分集接收增益。随着天线数的增加，检测性能越来越好。MRC 多天线接收方案以较高的复杂度为代价比 SLC 方案取得了更好的检测性能。

3.5 η-μ 衰落信道

在非视距传播条件下，衰落模型可用广义 $\eta-\mu$ 衰落信道来表示。瑞利衰落信道、Nakagami-m 衰落信道和 Nakagami-q 衰落信道都可以看作 $\eta-\mu$ 衰落信道的特殊情形。

3.5.1 η-μ 衰落信道模型

在 $\eta-\mu$ 衰落信道下，γ 是接收信号的即时信噪比，则信噪比 γ 的概率密度函数为[71]

$$f_{\gamma}(\gamma)=\frac{2\sqrt{\pi}\mu^{\mu+\frac{1}{2}}h^{\mu}}{\Gamma(\mu)H^{\mu-\frac{1}{2}}\overline{\gamma}^{\mu+\frac{1}{2}}}\gamma^{\mu-\frac{1}{2}}\mathrm{e}^{\left(\frac{-2\mu h\gamma}{\overline{\gamma}}\right)}I_{\mu-\frac{1}{2}}\left(\frac{2\mu H\gamma}{\overline{\gamma}}\right) \tag{3-45}$$

其中，$\mu>0$，表示多径的数量；$\Gamma(\cdot)$ 是伽马函数。在式（3-45）中，$\overline{\gamma}$ 是

平均信噪比，$I_v(\cdot)$ 是第一类修正的贝塞尔函数。η-μ 衰落模型有两种不同的表示形式：格式1和格式2，在不同的格式中，参数 H 和 h 的定义不同，如下所示：

在格式1中，相位是独立的，正交成分的能量的衰落系数是不同的。能量比是 η，且 $0<\eta<\infty$，参数 H 和 h 的表达式如下

$$H = \frac{\eta^{-1} - \eta}{4} \tag{3-46}$$

$$h = \frac{2 + \eta^{-1} + \eta}{4} \tag{3-47}$$

在格式2中，相位是相关的，正交成分的能量的衰落系数是同一的。能量比是 η，且 $-1<\eta<1$，参数 H 和 h 的表达式如下

$$H = \frac{\eta}{1 - \eta^2} \tag{3-48}$$

$$h = \frac{1}{1 - \eta^2} \tag{3-49}$$

在 η-μ 衰落信道中，即时信噪比 γ 的 MGF 的表达式如下[67]

$$M_\gamma(s) = \left(\frac{K}{(s + c_1)(s + c_2)}\right)^\mu \tag{3-50}$$

其中，参数 $K = \frac{4\mu^2 h}{\bar{\gamma}^2}$，$c_1 = \frac{2(h - H)\mu}{\bar{\gamma}}$ 和 $c_2 = \frac{2(h + H)\mu}{\bar{\gamma}}$。

3.5.2 EGC 分集 η-μ 衰落信道下频谱感知性能分析

η-μ 衰落信道下单天线频谱感知性能分析、MRC 分集的频谱感知性能分析和 SLC 分集的频谱感知性能分析，文献[55]已经讨论过，下面讨论 EGC 分集的 η-μ 衰落信道频谱感知性能。

在 η-μ 衰落信道下，单天线平均检测概率 $\overline{P}^{\mathrm{SA}}_{d,\eta-\mu}$ 的表达式可表示如下[55]

$$\overline{P}^{\mathrm{SA}}_{d,\eta-\mu} = \left[\frac{K}{(1 + c_1)(1 + c_2)}\right]^\mu \frac{\mathrm{e}^{-\frac{\lambda}{2}}}{j2\pi}\oint_\Delta q(z)\,\mathrm{d}z \tag{3-51}$$

其中，

$$q(z) = \frac{\mathrm{e}^{\frac{\lambda}{2}z}}{z^{u-2\mu}(1 - z)\left(z - \frac{1}{1 + c_1}\right)^\mu\left(z - \frac{1}{1 + c_2}\right)^\mu} \tag{3-52}$$

在 AWGN 信道下，EGC 多天线分集接收方案，平均检测概率和虚警概率

分别表示如下

$$\overline{P}_{d,\mathrm{AWGN}}^{\mathrm{EGC}} = P\{Y_{\mathrm{EGC}} > \lambda \mid H_1\} = Q_{Lu}(\sqrt{2\gamma_{\mathrm{SLC}}},\ \sqrt{\lambda}) \tag{3-53}$$

$$P_{f,\mathrm{AWGN}}^{\mathrm{EGC}} = P\{Y_{\mathrm{EGC}} > \lambda \mid H_0\} = \frac{\Gamma(Lu,\ \lambda/2)}{\Gamma(Lu)} \tag{3-54}$$

其中，$\gamma_{\mathrm{EGC}} = \sum_{i=1}^{L} \gamma_i$ 是 EGC 合并器输出的即时信噪比，对独立同分布的 $\eta-\mu$ 衰落信道，γ_{EGC}的 MGF 可以表示为

$$M_{\gamma_{\mathrm{EGC}}}(s) = [M_{\gamma}(s)]^L = \left[\frac{K}{(s+c_1)(s+c_2)}\right]^{L\mu} \tag{3-55}$$

根据式（3-51）、式（3-53）和式（3-55），EGC 多天线分集接收方案的平均检测概率可以由式（3-51）通过下列参数变化得到：$u \to Lu$，$\mu \to L\mu$，则平均检测概率 $\overline{P}_{d,\eta-\mu}^{\mathrm{EGC}}$为

$$\overline{P}_{d,\eta-\mu}^{\mathrm{EGC}} = \left[\frac{K}{(1+c_1)(1+c_2)}\right]^{L\mu} \frac{\mathrm{e}^{-\frac{\lambda}{2}}}{j2\pi} \oint_{\Delta} p_{\mathrm{EGC}}(z)\,\mathrm{d}z \tag{3-56}$$

定理 3.4：EGC 多天线信号检测分集接收方案，对于独立同分布的 $\eta-\mu$ 衰落信道，平均检测概率 $\overline{P}_{d,\eta-\mu}^{\mathrm{EGC}}$可以表示如下。

情形 1：$Lu>2L\mu$。

$$\overline{P}_{d,\eta-\mu}^{\mathrm{EGC}} = \mathrm{e}^{-\frac{\lambda}{2}}\left(\frac{K}{(1+c_1)(1+c_2)}\right)^{L\mu}\left[\mathrm{Res}(p_{\mathrm{EGC}};\ 0) + \mathrm{Res}\left(p_{\mathrm{EGC}};\ \frac{1}{1+c_1}\right) + \mathrm{Res}\left(p_{\mathrm{EGC}};\ \frac{1}{1+c_2}\right)\right]$$

情形 2：$Lu \leqslant 2L\mu$。

$$\overline{P}_{d,\eta-\mu}^{\mathrm{EGC}} = \mathrm{e}^{-\frac{\lambda}{2}}\left(\frac{K}{(1+c_1)(1+c_2)}\right)^{L\mu}\left[\mathrm{Res}\left(p_{\mathrm{EGC}};\ \frac{1}{1+c_1}\right) + \mathrm{Res}\left(P_{\mathrm{EGC}};\ \frac{1}{1+c_2}\right)\right]$$

证明：在式（3-56）中，

$$p_{\mathrm{EGC}}(z) = \frac{\mathrm{e}^{\frac{\lambda}{2z}}}{z^{Lu-2L\mu}(1-z)\left(z-\frac{1}{1+c_1}\right)^{L\mu}\left(z-\frac{1}{1+c_2}\right)^{L\mu}} \tag{3-57}$$

根据函数 $p_{\mathrm{EGC}}(z)$，需要考虑下列两种情形。

情形 1：$Lu>2L\mu$。

在这种情况下，函数 $p_{\mathrm{EGC}}(z)$ 在原点处有 $Lu-2L\mu$ 阶极点，在$\frac{1}{1+c_1}$处和$\frac{1}{1+c_2}$处有 $L\mu$ 阶极点，因此，平均检测概率 $\overline{P}_{d,\eta-\mu}^{\mathrm{EGC}}$ 表达式为

$$\overline{P}_{d,\eta-\mu}^{\mathrm{EGC}}=\mathrm{e}^{-\frac{\lambda}{2}}\left(\frac{K}{(1+c_1)(1+c_2)}\right)^{L\mu}\left[\mathrm{Res}(p_{\mathrm{EGC}};\ 0)+\mathrm{Res}\left(p_{\mathrm{EGC}};\ \frac{1}{1+c_1}\right)+\mathrm{Res}\left(p_{\mathrm{EGC}};\ \frac{1}{1+c_2}\right)\right] \tag{3-58}$$

其中，$\mathrm{Res}(p_{\mathrm{EGC}};\ 0)$ 是函数 $p_{\mathrm{EGC}}(z)$ 在原点处的留数，$\mathrm{Res}\left(p_{\mathrm{EGC}};\ \frac{1}{1+c_1}\right)$是函数 $p_{\mathrm{EGC}}(z)$ 在$\frac{1}{1+c_1}$处的留数，$\mathrm{Res}\left(p_{\mathrm{EGC}};\ \frac{1}{1+c_2}\right)$是函数 $p_{\mathrm{EGC}}(z)$ 在$\frac{1}{1+c_2}$处的留数。三个留数的表达式分别为

$$\mathrm{Res}(p_{\mathrm{EGC}};\ 0)=\frac{1}{(Lu-2L\mu-1)!}\left[\frac{\mathrm{d}^{Lu-2L\mu-1}}{\mathrm{d}z^{Lu-2L\mu-1}}\frac{\mathrm{e}^{\frac{\lambda}{2}z}}{(1-z)\left(z-\frac{1}{1+c_1}\right)^{L\mu}\left(z-\frac{1}{1+c_2}\right)^{L\mu}}\right]\Bigg|_{z=0} \tag{3-59}$$

$$\mathrm{Res}\left(p_{\mathrm{EGC}};\ \frac{1}{1+c_1}\right)=\frac{1}{(L\mu-1)!}\left[\frac{\mathrm{d}^{L\mu-1}}{\mathrm{d}z^{L\mu-1}}\frac{\mathrm{e}^{\frac{\lambda}{2}z}}{(1-z)z^{Lu-2L\mu}\left(z-\frac{1}{1+c_2}\right)^{L\mu}}\right]\Bigg|_{z=\frac{1}{1+c_1}} \tag{3-60}$$

$$\mathrm{Res}\left(p_{\mathrm{EGC}};\ \frac{1}{1+c_2}\right)=\frac{1}{(L\mu-1)!}\left[\frac{\mathrm{d}^{L\mu-1}}{\mathrm{d}z^{L\mu-1}}\frac{\mathrm{e}^{\frac{\lambda}{2}z}}{(1-z)z^{Lu-2L\mu}\left(z-\frac{1}{1+c_1}\right)^{L\mu}}\right]\Bigg|_{z=\frac{1}{1+c_2}} \tag{3-61}$$

情形 2：$Lu\leqslant 2L\mu$。

在这种情况下，函数 $p_{\mathrm{EGC}}(z)$ 在原点处没有极点，在$\frac{1}{1+c_1}$处和$\frac{1}{1+c_2}$处有 $L\mu$ 阶极点，因此，平均检测概率 $\overline{P}_{d,\eta-\mu}^{\mathrm{EGC}}$ 表达式为

$$\overline{P}_{d,\eta-\mu}^{\mathrm{EGC}}=\mathrm{e}^{-\frac{\lambda}{2}}\left(\frac{K}{(1+c_1)(1+c_2)}\right)^{L\mu}\left[\mathrm{Res}\left(p_{\mathrm{EGC}};\ \frac{1}{1+c_1}\right)+\mathrm{Res}\left(p_{\mathrm{EGC}};\ \frac{1}{1+c_2}\right)\right] \tag{3-62}$$

证明完毕。

3.6 η-μ 衰落信道下频谱感知仿真结果和分析

本节对 η-μ 衰落信道下，基于 MGF 的方法 EGC 多天线分集接收方案的频

谱检测性能进行数值结果分析。数值结果分析图包括：图 3-6 所示不同天线数的 EGC 多天线分集平均检测概率对虚警概率的性能比较曲线，基于 η-μ 衰落信道；图 3-7 所示不同平均信噪比的 EGC 多天线分集平均检测概率对虚警

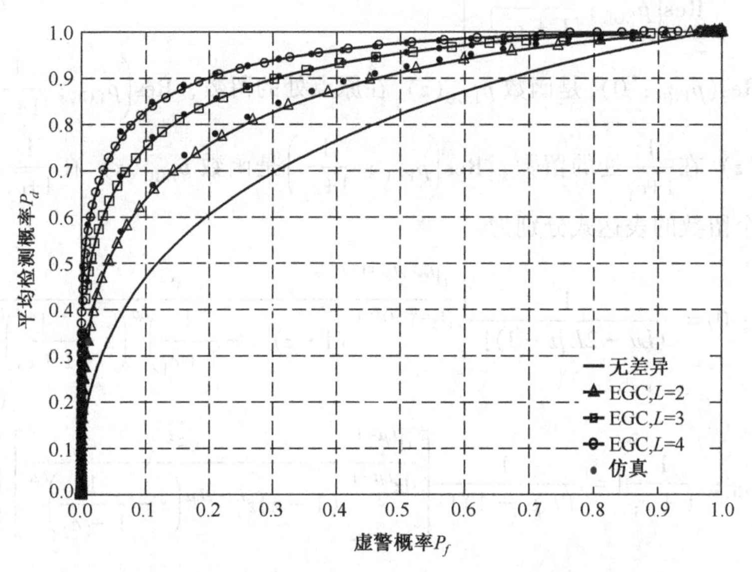

图 3-6　不同天线数的 EGC 多天线分集平均检测概率对虚警概率的性能比较曲线，基于 η-μ 衰落信道

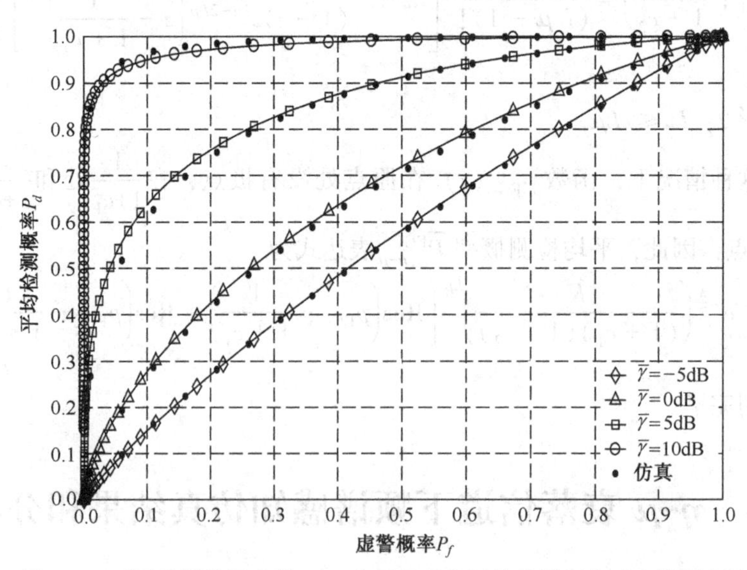

图 3-7　不同平均信噪比的 EGC 多天线分集平均检测概率对虚警概率的性能比较曲线，基于 η-μ 衰落信道

概率的性能比较曲线，基于 η-μ 衰落信道。仿真参数如表 3-5 和表 3-6 所示。从仿真结果和分析图可以看出，对比曲线几乎完全吻合，验证了理论推导的正确性。

表 3-5　图 3-6 仿真参数

参　数	参 数 值
天线数 L（非协作）	1
天线数 L（协作）	2~4
参数 η	-0.1
参数 μ	1
时间带宽积 u	4
平均信噪比 SNR/dB	5

表 3-6　图 3-7 仿真参数

参　数	参 数 值
天线数（协作）L	2
参数 η	-0.1
参数 μ	2
时间带宽积 u	4
平均信噪比 SNR/dB	-5~10

图 3-6 描述的是在 η-μ 衰落信道下，EGC 多天线分集接收的平均检测概率 $\overline{P}_{d,\eta-\mu}^{\mathrm{EGC}}$ 随着天线数变化的检测性能曲线。参数如下：$\eta=-0.1$，$\mu=1$，$u=4$，信噪比的平均值为 $\overline{\gamma}=5$ dB。从图 3-6 可以看出，与单天线频谱检测相比，EGC 多天线分集接收方案呈现出显著的分集接收增益。随着天线数的增加，检测性能越来越好。例如，在虚警概率的值为 0.2 时，当天线数分别为 1，2，3，4 时，平均检测概率 $\overline{P}_{d,\eta-\mu}^{\mathrm{EGC}}$ 的值分别为 0.6，0.75，0.85，0.9。

图 3-7 描述的是在 η-μ 衰落信道下，随着虚警概率和信噪比 γ 的变化，EGC 多天线分集接收方案的平均检测概率 $\overline{P}_{d,\eta-\mu}^{\mathrm{EGC}}$ 的变化曲线。参数如下：$\eta=-0.1$，$\mu=2$，$u=4$。从图 3-7 我们知道，在虚警概率为一个常数不变的情况下，当平均信噪比 $\overline{\gamma}$ 增加的时候，平均检测概率 $\overline{P}_{d,\eta-\mu}^{\mathrm{EGC}}$ 的值也越来越大；在相同的平均信噪比的条件下，随着虚警概率的增大，检测性能越来越好。例如，在虚警概率值为 0.2 的条件下，当平均信噪比的值分别为-5 dB，0 dB，5 dB，10 dB时，则平均检测概率 $\overline{P}_{d,\eta-\mu}^{\mathrm{EGC}}$ 分别为 0.27，0.43，0.76，0.97。

在文献[55]中，作者研究了 $\eta-\mu$ 衰落信道的检测性能，为了便于比较，数字仿真结果如图 3-8～图 3-12 所示。

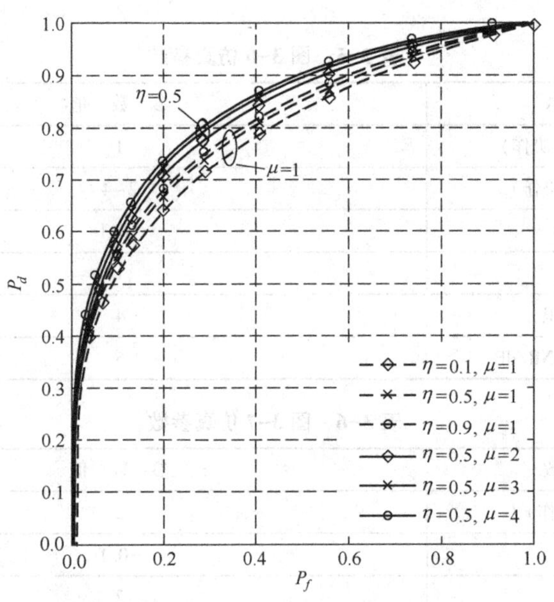

图 3-8　检测概率对虚警概率，格式 1 中对不同的 η 和 μ [55]

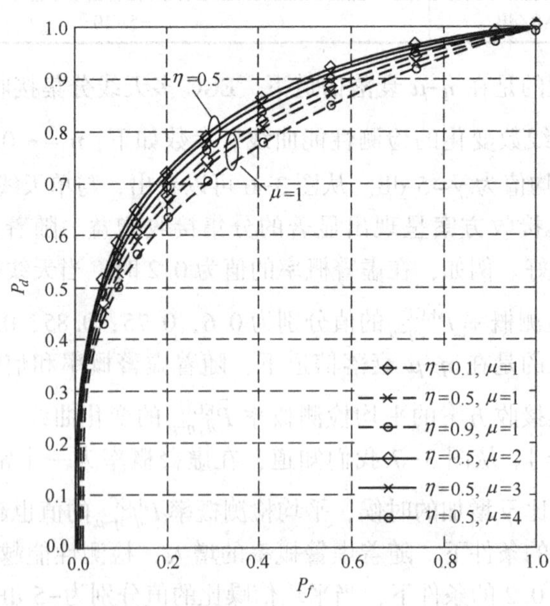

图 3-9　检测概率对虚警概率，格式 2 中对不同的 η 和 μ [55]

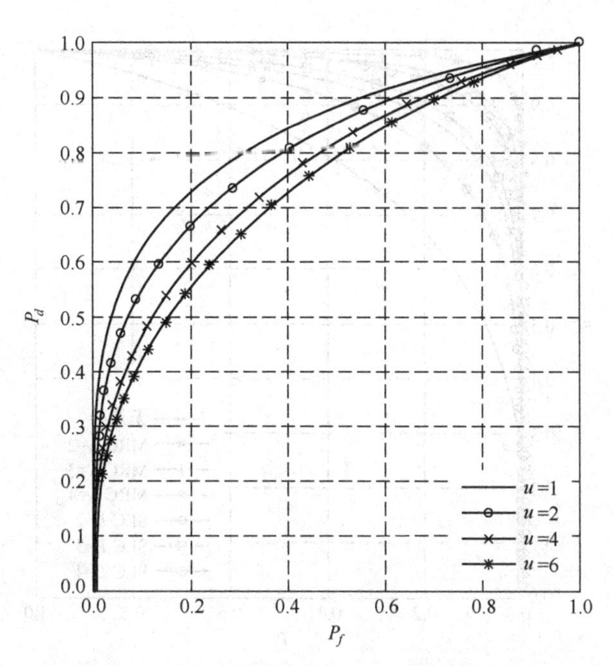

图 3-10　检测概率在不同的值时对虚警概率性能比较曲线[55]

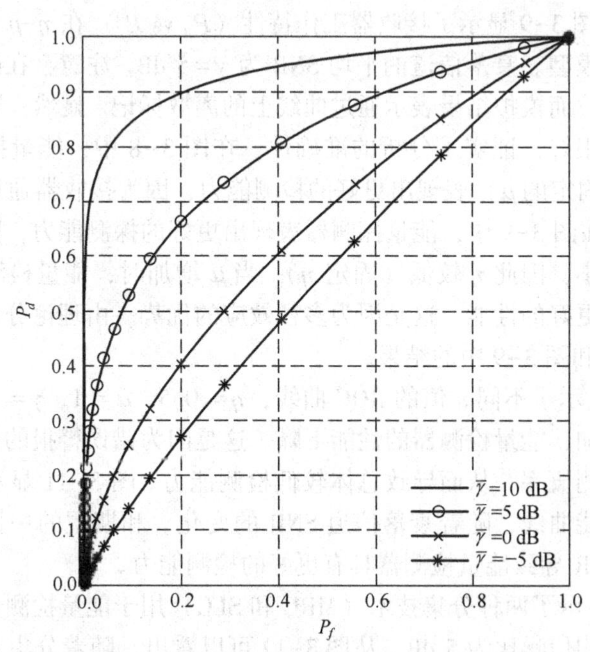

图 3-11　检测概率在不同的平均信噪比时对虚警概率性能比较曲线[55]

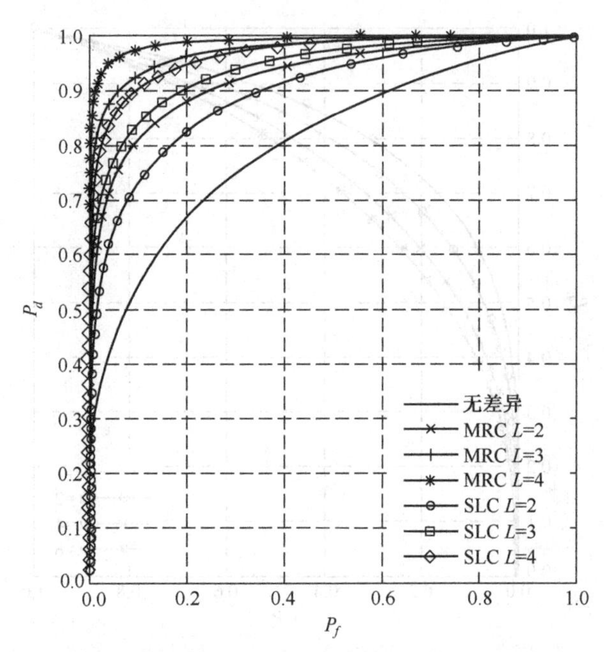

图 3-12　检测概率在不同的检测方案时对虚警概率性能比较曲线[55]

图 3-8 和图 3-9 显示了接收器工作特性（P_d vs P_f）在 η-μ 衰落的格式 1 和格式 2 下的模型。衰落信道的平均 SNR 为 $\gamma=5$ dB。注意，在图中，数值结果为实线表示，而模拟结果表示通过曲线上的离散标记。显然，数值结果与模拟结果吻合得很好，证实了分析的准确性。在图 3-8 中，能量接收器对于较高的 η（具有固定的 μ）表现出更好的检测能力，因为接收器通过同相组件接收更多功率。在图 3-9 中，能量探测器表现出更好的探测能力，同相和正交分量之间的干扰小，因此 η 较低（固定 η）。当 μ 增加时，能量检测器在两种格式下均显示出更好的性能，这是因为多径效应的优势。由理论分析已通过仿真验证了图 3-8 和图 3-9 中的结果。

图 3-10 显示了不同 u 值的 ROC 曲线，$\eta=0.5$，$\mu=1$，$\gamma=5$ dB。可以看出随着 u 的增加，能量检测器的性能下降。这是因为错误警报的可能性增加得更快地高于检测概率，从而导致总体较低检测能力。图 3-11 显示了检测概率对虚警概率性能曲线，随着衰落信道 SNR 的变化。和期望的一样，衰落信道的较高平均 SNR 导致能量检测器具有更好的检测能力。

图 3-12 显示了两种分集技术（MRC 和 SLC）用于能量检测器的结果，当衰落信道的平均信噪比为 5 dB。从图 3-12 可以看出，随着分集数的增加，检测性能越来越好。并且还可以看出，MRC 的检测性能优于 SLC 的检测性能，

和理论分析是一致的。

3.7 本章小结

本章使用 MGF 方法，对广义衰落 κ-μ 信道和 η-μ 信道的频谱感知性能进行分析，主要讨论了 κ-μ 衰落信道下单天线频谱感知性能、MRC 多天线分集接收频谱感知性能、SLC 多天线分集接收频谱感知性能和 η-μ 衰落信道的 EGC 多天线分集接收频谱感知性能。推导出了各种情形下平均检测概率的闭式表达式，在此基础上，对不同参数情况下的频谱感知性能进行了仿真和数值结果分析。

本章工作总结如下：研究了广义衰落信道下多天线协作频谱感知与检测，提出了用 MGF 方法推导单天线 κ-μ 衰落信道的平均检测概率的闭式表达式，分析了单天线 κ-μ 衰落信道的频谱感知性能。在此基础上，推导了广义衰落信道多天线协作的平均检测概率的闭式表达式，分析了广义衰落信道下的多天线协作频谱感知性能。具体而言，分析了 κ-μ 衰落信道下最大比合并多天线分集的频谱感知性能，分析了 κ-μ 衰落信道下平方率合并多天线分集的频谱感知性能，分析了 η-μ 衰落信道下等增益合并多天线分集的频谱感知性能。理论分析和仿真结果表明：MRC 多天线分集方式以较高的计算复杂度为代价，呈现出比 SLC 多天线分集方式更好的检测性能。

第4章 两步复合协作频谱感知与检测技术研究

针对单用户单天线频谱感知性能严重恶化的问题，为了进一步提高频谱检测性能，减小网络负载，提出了一个两步复合协作频谱感知方案。数值结果表明，提出的基于软数据融合（SLC，MRC）的两步复合协作频谱感知方案，克服了多径衰落、阴影衰落和接收机不稳定的问题，大大提高了频谱检测可靠性，兼有软数据合并协作和硬决定合并协作的优点，减小了网络负载，同时提高了检测性能。

本章主要内容安排如下：4.1节概括介绍经典硬决定合并协作频谱感知和软数据合并协作频谱感知的优缺点，以及本章研究内容和主要贡献。4.2节介绍了硬决定联合检测和软数据联合检测的系统模型以及两步复合协作频谱感知算法。4.3节分析Nakagami-m衰落信道下多天线认知用户基于SLC软数据合并的频谱感知。4.4节研究多个多天线的认知用户基于硬决定合并的协作频谱感知。4.5节是Nakagami-m衰落信道下所提方案频谱感知数值结果与分析。4.6节研究κ-μ衰落信道下MRC和SLC多天线分集的两步复合协作频谱感知。4.7节是κ-μ衰落信道下所提方案频谱感知数值结果与分析。4.8节是本章小结。

4.1 引　　言

在认知无线电网络中，由于无线服务和应用的快速增长，频谱资源已供不应求，不能满足无线服务和应用快速增长的需求，但是，当前的频谱分配是私有制方式的分配模式。研究表明，这种私有制方式的分配模式是导致电磁谱利用率低的原因之一，因此，当前频谱短缺的矛盾，一方面是频谱资源有限；另一方面是在固定频谱分配的机制下，频谱的利用率不高，进一步加剧了频谱短缺的矛盾。

为了克服当前频谱利用率低的困境，认知无线电技术诞生[8,46]。认知无线电技术实现其功能的一个重要前提是频谱检测。在实际的无线通信环境中，对于单天线的认知用户，严重的阴影衰落、多径衰落、干扰和噪声致使频谱感知性能恶化，因此，研究多用户或多天线的联合检测，克服单用户单天线频谱检测的弊端，检测性能有显著的改善。

集中式联合检测有两种方案：硬决定联合检测和软数据联合检测。常用的硬决定联合检测判决规则有逻辑AND、逻辑OR和逻辑MAJORITY。文献[35]分析了逻辑OR硬决定联合检测方法；文献[26]研究了逻辑OR和逻辑AND两种硬决定联合检测方法。硬决定合并协作方案只在网络中传输1 bit硬判决信息，优点是只需要有限的带宽，缺点是检测概率低。

通过第2章的介绍，我们知道，常用的软数据合并协作方案有平方律合并方案、平方律选择方案、最大比合并方案、等增益合并方案等。文献[72]研究平方律联合检测并分析了其联合检测性能，在缺乏信道状态信息时，平方律联合检测有较高的检测概率。文献[73]研究了最大比值联合检测方法，在获得信道状态信息时，最大比联合检测有更高的检测概率。文献[38]研究了认知无线电网络中的各种联合检测方法。软数据联合检测方法需要传输认知用户天线的感知信息，因此，其缺点是需要带宽比硬决定联合检测大，优点是检测性能比硬决定联合检测好。

基于硬决定联合检测和软数据联合检测各自的优点与缺点，为了提高频谱检测性能，本文提出一个两步复合联合检测方案：①在多天线（两根天线）认知用户执行软数据联合检测；②在第一步软数据联合检测的基础上，多个多天线认知用户执行硬决定联合检测。

在两步复合联合检测方案中，软数据联合检测方案是指一个有多天线的认知用户基于软数据联合检测方案感知主用户，在软数据联合检测的过程中，认知用户收集所有天线上的感知信息，用某种软数据联合检测方案得到主用户是否占用授权频段的判决结果。硬决定联合检测是指多个多天线的认知用户在软数据联合检测的基础上，基于硬决定联合检测感知主用户。在软数据联合检测过程中，多个多天线认知用户把软数据联合检测阶段的判决结果发送到融合中心，在融合中心，通过硬决定联合检测方案做出全局判决。

我们考虑SLC、SLS和MRC三种软数据联合检测方案。研究结果表明，SLC和SLS软数据联合检测方案是两种低复杂度的联合检测技术，与SLS联合检测方案相比，SLC检测概率更高，检测性能更好，MRC联合检测方案需要知道主用户的信道状态信息，因此，在Nakagami-m衰落信道下的软数据联合检测阶段，选择SLC软数据联合检测方案。

4.2 两步复合协作频谱感知系统模型和算法

4.2.1 软数据协作频谱感知系统模型

多天线信号检测系统模型如图 4-1 所示，从图 4-1 可以看出，被检测的主用户有 1 根天线，执行软数据联合检测的认知用户有 L 根天线。假定主用户天线和认知用户第 l 根天线之间的信道是 Nakagami-m 衰落信道，m 是信道衰落因子，衰落信道的增益是 h_l，当主用户占用授权频段，处于活跃状态时，从认知用户的第 l 根天线接收到的信号可以表示为

$$r_l(t) = h_l s(t) + n(t) \tag{4-1}$$

其中，$n(t)$ 是加性高斯白噪声，$s(t)$ 表示主用户发送的信号，表示认知用户第 l 根天线接收到的主用户信号。

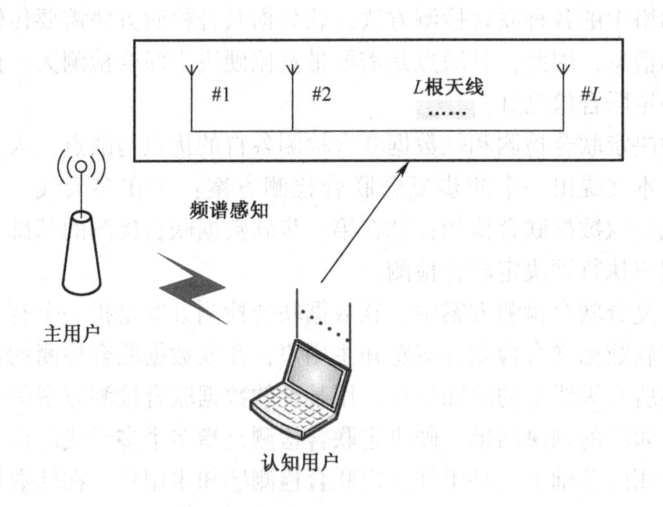

图 4-1 多天线信号检测系统模型

当主用户占用自己的授权频段，处于活跃状态时，认知用户接收主用户信号，根据来自认知用户天线上的主用户信号，认知用户执行软数据联合检测方案，获得主用户是否占用授权频段的判决结果。在认知无线网络，有多个多天线认知用户，他们各自获得主用户是否占用授权频段的局部判决，天线感知信息不需要在网络中传输。

4.2.2　硬决定协作频谱感知系统模型

硬决定联合检测系统模型如图 4-2 所示[74]，由图 4-2 可以看出，认知用户分布在网络中的不同位置，他们相互配合以检测主用户的行为。在软数据联合检测阶段，每个认知用户独立地执行软数据联合检测获得主用户是否占用授权频段的局部判决，在软数据联合检测的基础上，执行硬决定联合检测。在软数据联合检测阶段，每个多天线认知用户把主用户是否存在的局部判决结果发送到融合中心。在融合中心，通过执行硬决定联合检测方案获得主用户是否占用授权频段的全局判决。

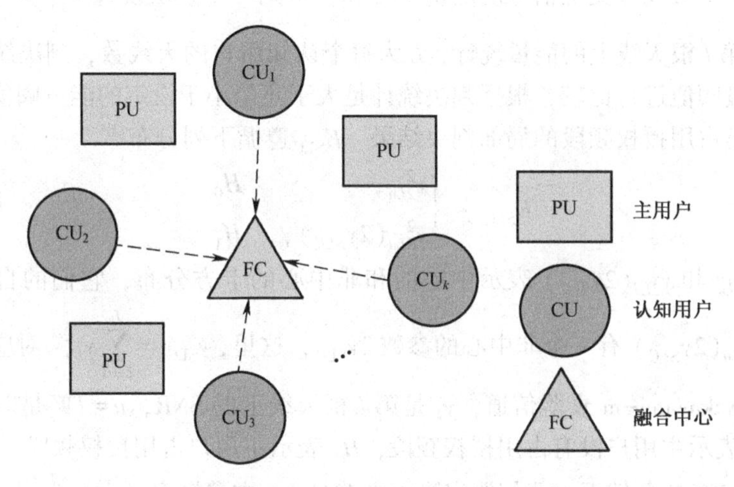

图 4-2　硬决定联合检测系统模型[74]

4.2.3　两步复合协作频谱感知算法

根据两步复合协作频谱检测方案，算法流程如下。

（1）选择软数据联合检测方案。在多天线认知用户网络中，根据 SLC、SLS 和 MRC 软数据联合检测的不同特征，选择 SLC 软数据联合检测方案。

（2）执行软数据联合检测方案。每个有多天线的认知用户执行 SLC 软数据联合检测方案，得到主用户是否占用授权频段的二元局部判决结果。

（3）传递软数据联合检测结果。每个有多天线的认知用户传递主用户是否占用授权频段的 1 bit 局部判决到融合中心。

（4）执行硬决定联合检测方案。在融合中心，执行硬决定联合检测方案：逻辑 OR 联合检测、逻辑 AND 联合检测和逻辑 MAJORITY 联合检测获得主用户是否占用授权频段的全局判决。

4.3 SLC软数据协作频谱感知

由于SLC软数据联合检测方案没有相关检测过程，接收机的复杂度大大减小，并且有优良的检测性能，所以在软数据联合检测阶段选择SLC联合检测方案。

SLC是一个硬件结构简单的线性联合检测方案，在此联合检测方案中，通过计算每个天线分支上信号的能量平方和，得到一个判决统计 $E_{SLC} = \sum_{l=1}^{L} E_l$，$E_l$ 表示第 l 根天线上的能量统计，L 为每个认知用户的天线数，判决统计跟预设的能量阈值进行比较，根据判决统计是大于还是小于设定的能量阈值，获得主用户是占用授权频段的局部判决结果。E_{SLC}遵循下列分布[63]

$$E_{SLC} \sim \begin{cases} x_{2Lu}^2, & H_0 \\ x_{2Lu}^2(2\gamma_{SLC}), & H_1 \end{cases} \tag{4-2}$$

其中，x_{2Lu}^2 和 $x_{2Lu}^2(2\gamma_{SLC})$ 表示中心的和非中心的卡方分布，它们的自由度是 $2Lu$，$x_{2Lu}^2(2\gamma_{SLC})$ 有一个非中心的参数 $2\gamma_{SLC}$，这里，$\gamma_{SLC} = \sum_{l=1}^{L} \gamma_l$，对应于独立同分布Nakagami-m衰落信道，$\gamma_l$ 是第 l 根天线上的SNR，$u = TW$ 是时间带宽积。H_0 表示主用户没有占用授权频段，H_1 表示主用户占用授权频段。

在AWGN条件下，我们假定噪声方差是1，虚警概率可表示为[18]

$$P_f = \frac{\Gamma(u, \lambda/2)}{\Gamma(u)} \tag{4-3}$$

其中，λ 为预先设定的能量判决阈值，$\Gamma(\cdot)$ 和 $\Gamma(.,.)$ 分别是完全和不完全的伽马函数。

在AWGN信道条件下，检测概率可表示为

$$P_d = Q_u(\sqrt{2\gamma}, \sqrt{\lambda}) \tag{4-4}$$

漏检概率 P_m 与检测概率 P_d 的关系可表示为

$$P_m = 1 - P_d \tag{4-5}$$

为了获得检测概率 P_d，通过另外一种形式的Marcum-Q函数表示检测概率 P_d，其表达式为[75]

$$P_d(\gamma, \lambda) = 1 - \sum_{n=0}^{\infty} \frac{\gamma(n+\mu, \lambda/2)}{\Gamma(n+\mu)n!}\gamma^n e^{-\gamma} \tag{4-6}$$

其中，$\gamma(\alpha+x)$ 表示低阶不完整的 Gamma 函数。

在 AWGN 信道下，由式（4-3）、式（4-4）和式（4-6），基于 SLC 软合并协作频谱感知方案，虚警概率和检测概率分别为

$$P_{f,\mathrm{SLC}}=\frac{\Gamma(Lu,\ \lambda/2)}{\Gamma(Lu)} \tag{4-7}$$

$$P_{d,\mathrm{SLC}}=Q_{Lu}(\sqrt{2\gamma_{\mathrm{SLC}}},\ \sqrt{\lambda})=1-\sum_{n=0}^{\infty}\frac{\gamma(n+\mu,\ \lambda/2)}{\Gamma(n+\mu)n!}(\gamma_{\mathrm{SLC}})^{n}\mathrm{e}^{-\gamma_{\mathrm{SLC}}} \tag{4-8}$$

如果衰落信道是独立同分布的，平均检测概率可以通过下面的积分求得[39]，即

$$\overline{P}_{d,\mathrm{SLC}}=\int_{0}^{\infty}P_{d,\mathrm{SLC}}(\gamma_{\mathrm{SLC}},\ \lambda)f(\gamma_{\mathrm{SLC}})\mathrm{d}\gamma_{\mathrm{SLC}},\ \gamma_{\mathrm{SLC}}>0 \tag{4-9}$$

其中，$f(\gamma_{\mathrm{SLC}})$ 为输出信噪比 γ_{SLC} 的概率密度函数，$f(\gamma_{\mathrm{SLC}})$ 表达式为[32]

$$f(\gamma_{\mathrm{SLC}})=\frac{m^{Lm}(\gamma_{\mathrm{SLC}})^{Lm}}{(\bar{\gamma}_{\mathrm{SLC}})^{Lm}\Gamma(Lm)}\mathrm{e}^{-\frac{m}{\bar{\gamma}_{\mathrm{SLC}}}\gamma_{\mathrm{SLC}}},\ \gamma_{\mathrm{SLC}}>0 \tag{4-10}$$

其中，$\bar{\gamma}_{\mathrm{SLC}}$ 是平均信噪比，m 是衰落因子。

由式（4-8）~式（4-10）可得

$$\overline{P}_{d,\mathrm{SLC}}=1-\frac{m^{Lm}}{(\bar{\gamma}_{\mathrm{SLC}})^{Lm}\Gamma(Lm)}\sum_{n=0}^{\infty}\frac{\gamma(n+L\mu,\ \lambda/2)}{\Gamma(n+L\mu)n!}\times \int_{0}^{\infty}(\gamma_{\mathrm{SLC}})^{n+Lm-1}\mathrm{e}^{-\frac{m+\bar{\gamma}_{\mathrm{SLC}}}{\bar{\gamma}_{\mathrm{SLC}}}\gamma_{\mathrm{SLC}}}\mathrm{d}\gamma_{\mathrm{SLC}} \tag{4-11}$$

由文献[76]可得检测概率

$$\overline{P}_{d,\mathrm{SLC}}=1-B(Lu,\ Lm,\ L\bar{\gamma}_{\mathrm{SLC}}) \tag{4-12}$$

其中，$B(\alpha,\ \beta,\ x)=\left(\frac{\beta}{\beta+x}\right)^{\beta}\sum_{n=0}^{\infty}\frac{\gamma(n+\alpha,\ \lambda/2)(\beta)_{n}}{\Gamma(n+\alpha)n!}\left(\frac{x}{\beta+x}\right)^{n}$，$(\beta)_{n}=\frac{\Gamma(\beta+n)}{\Gamma(\beta)}$ 表示 Pochhammer 符号。

4.4　硬决定合并协作频谱感知

在软数据联合检测阶段，多天线的认知用户通过 SLC 软数据联合检测方案得到主用户是否占授权频段的局部判决，每个认知用户只有 1 bit 数据在网络中传输。在软数据联合检测阶段，每个多天线的认知用户传输 1 bit 局部判

决到融合中心。在融合中心，通过执行硬决定联合检测方案得到主用户是否占用授权频段的全局判决。

在融合中心，执行 N 中取 k 硬决定联合检测判决规则，检测概率和虚警概率分别为

$$P_d = \sum_{i=k}^{N} C_N^i (P_{d,i})^i (1 - P_{d,i})^{N-i} \tag{4-13}$$

$$P_f = \sum_{i=k}^{N} C_N^i (P_{f,i})^i (1 - P_{f,i})^{N-i} \tag{4-14}$$

其中，$P_{d,i}$ 和 $P_{f,i}$ 是认知用户的检测概率与虚警概率，在独立同分布的条件下，假定认知用户有相同的检测概率和虚警概率。

当 $k=1$，$k=N$，$k>\frac{N}{2}$ 时，N 中取 k 规则分别表示逻辑 OR、逻辑 AND 和逻辑 MAJORITY 判决规则。

$$P_{d,i} = P_d = P_{\text{rob}}(E > \lambda \mid H_1) \tag{4-15}$$

$$P_{f,i} = P_f = P_{\text{rob}}(E > \lambda \mid H_0) \tag{4-16}$$

根据提出的两步复合联合检测方案，在 SLC 软数据联合检测的基础上，三种硬决定联合检测方案如下。

4.4.1 逻辑 OR 硬决定合并协作方案

认知用户发送 1 bit 局部判决到融合中心，在融合中心，主用户是否占用授权频段的全局判决通过逻辑 OR 判决规则获得。在逻辑 OR 判决规则中，只要有一个认知用户的局部判决是逻辑 1，则融合中心的全局判决就是逻辑 1。

假定认知用户是独立的，在逻辑 OR 判决规则下，认知用户的检测概率、虚警概率分别为[35]

$$P_{d,\text{OR}} = 1 - \prod_{i=1}^{N} 1 - P_{d,i} = 1 - (1 - P_d)^N \tag{4-17}$$

$$P_{f,\text{OR}} = 1 - \prod_{i=1}^{N} 1 - P_{f,i} = 1 - (1 - P_f)^N \tag{4-18}$$

漏检概率表达式为

$$P_{m,\text{OR}} = 1 - P_{d,\text{OR}} = \prod_{i=1}^{N} 1 - P_{d,i} = (1 - P_d)^N \tag{4-19}$$

由式（4-12）和式（4-17）可知，在逻辑 OR 判决规则下，全局检测概率为

$$\overline{P}_{d,\mathrm{OR}} = 1 - \prod_{i=1}^{N} 1 - P_{d,i} = 1 - (1 - P_d)^N = 1 - (1 - P_{d,\mathrm{SLC}})^N$$
$$= 1 - (B(Lu, Lm, L\overline{y}_{\mathrm{SLC}}))^N \tag{4-20}$$

4.4.2 逻辑AND硬决定合并协作方案

认知用户发送1 bit局部判决到融合中心，在逻辑AND判决规则中，只有所有认知用户的局部判决都是逻辑1，融合中心的全局判决才是逻辑1。

假定认知用户是独立的，在逻辑AND判决规则下，认知用户的检测概率、虚警概率分别为[77]

$$P_{d,\mathrm{AND}} = \prod_{i=1}^{N} P_{d,i} = (P_d)^N \tag{4-21}$$

$$P_{f,\mathrm{AND}} = \prod_{i=1}^{N} P_{f,i} = (P_f)^N \tag{4-22}$$

漏检概率表达式为

$$P_{m,\mathrm{AND}} = 1 - P_{d,\mathrm{AND}} = 1 - \prod_{i=1}^{N} P_{d,i} = 1 - (P_d)^N \tag{4-23}$$

由式（4-12）和式（4-21）可知，在逻辑AND判决规则下，全局检测概率为

$$\overline{P}_{d,\mathrm{AND}} = \prod_{i=1}^{N} P_{d,i} = (P_d)^N = (\overline{P}_{d,\mathrm{SLC}})^N = (B(Lu, Lm, L\overline{y}_{\mathrm{SLC}}))^N \tag{4-24}$$

4.4.3 逻辑MAJORITY硬决定合并协作方案

在逻辑MAJORITY判决规则中，如果超过一半认知用户的局部判决是逻辑1，那么融合中心的全局判决才是逻辑1。

假定认知用户是独立的，在逻辑MAJORITY判决规则下，认知用户的检测概率、虚警概率和漏检概率分别为[78]

$$P_{d,\mathrm{MAJOR}} = \sum_{i=\frac{N}{2}}^{N} C_N^i (P_{d,i})^i (1 - P_{d,i})^{N-i} = \sum_{i=\frac{N}{2}}^{N} C_N^i (P_d)^i (1 - P_d)^{N-i} \tag{4-25}$$

$$P_{f,\mathrm{MAJOR}} = \sum_{i=\frac{N}{2}}^{N} C_N^i (P_{f,i})^i (1 - P_{f,i})^{N-i} = \sum_{i=\frac{N}{2}}^{N} C_N^i (P_f)^i (1 - P_f)^{N-i} \tag{4-26}$$

$$P_{m,\mathrm{MAJOR}} = 1 - P_{d,\mathrm{MAJOR}} = 1 - \sum_{i=\frac{N}{2}}^{N} C_N^i (P_{d,i})^i (1 - P_{d,i})^{N-i}$$
$$= 1 - \sum_{i=\frac{N}{2}}^{N} C_N^i (P_d)^i (1 - P_d)^{N-i} \tag{4-27}$$

由式（4-12）和式（4-25）可知，在逻辑 MAJORITY 判决规则下，全局检测概率为

$$\overline{P}_{d,\mathrm{MAJOR}} = \sum_{i=\frac{N}{2}}^{N} C_N^i (P_{d,i})^i (1 - P_{d,i})^{N-i}$$
$$= \sum_{i=\frac{N}{2}}^{N} C_N^i (P_d)^i (1 - P_d)^{N-i} = \sum_{i=\frac{N}{2}}^{N} C_N^i (\overline{P}_{d,\mathrm{SLC}})^i (1 - \overline{P}_{d,\mathrm{SLC}})^{N-i}$$
$$= \sum_{i=\frac{N}{2}}^{N} C_N^i (1 - B(Lu, Lm, L\overline{y}_{\mathrm{SLC}}))^i \times (B(Lu, Lm, L\overline{y}_{\mathrm{SLC}}))^{N-i} \tag{4-28}$$

4.5 Nakagami-m 衰落信道下频谱感知数值结果与分析

本节对提出的两步复合协作频谱检测方案性能进行数值结果仿真，与经典硬决定联合检测方案进行比较，并对频谱检测性能进行对比分析。

数值仿真参数如表 4-1 ~ 表 4-4 所示，性能比较曲线如图 4-3 ~ 图 4-6 所示。

表 4-1 图 4-3 仿真参数

参　数	参数值
天线数 L（非协作）	1
天线数 L（协作）	2
衰落因子 m	3
时间带宽积 u	2
平均信噪比 SNR/dB	1

表 4-2　图 4-4 仿真参数

参　数	参　数　值
天线数 L（非协作）	1
天线数 L（协作）	2
衰落因子 m	3
时间带宽积 u	2
平均信噪比 SNR/dB	1

表 4-3　图 4-5 仿真参数

参　数	参　数　值
天线数 L（非协作）	1
天线数 L（协作）	2
衰落因子 m	3
时间带宽积 u	2
协作用户数 N	5

表 4-4　图 4-6 仿真参数

参　数	参　数　值
天线数 L（非协作）	1
天线数 L（协作）	2
衰落因子 m	3
时间带宽积 u	2
平均信噪比 SNR/dB	-10
协作用户数 N	5

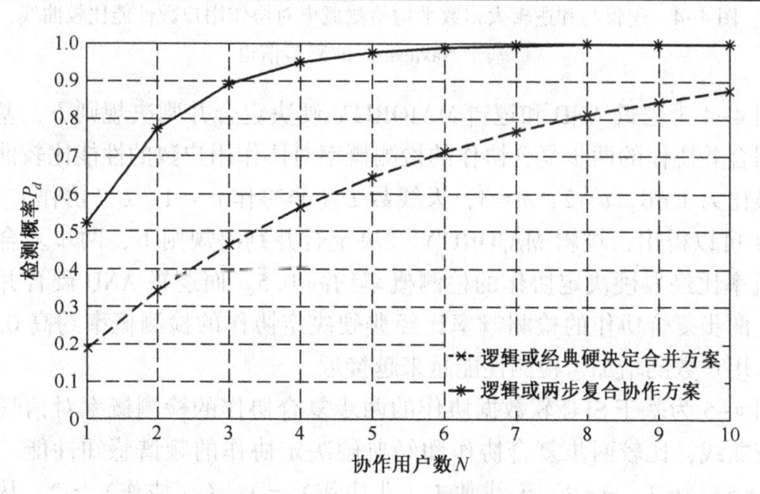

图 4-3　逻辑或平均检测概率对协作用户数性能比较曲线，基于 Nakagami-m 信道

图 4-3 为逻辑 OR 硬决定合并判决规则下，基于 SLC 软数据合并协作的两步复合协作检测概率对协作用户数的性能比较曲线，比较两步复合协作频谱感知方案和经典硬决定合并方案的频谱感知性能。参数如下：平均信噪比为 1 dB，$u=2$，$m=3$，天线数 L（非协作）= 1，L（协作）= 2。由图 4-3 可以得出，两步复合协作的检测概率比经典硬决定协作的检测概率约高 0.34。例如，当 $N=2$ 时，经典硬决定协作的检测概率是 0.34；而当 $N=2$，两步复合协作的检测概率是 0.78。同样地，当 $N=4$ 时，经典硬决定协作的检测概率是 0.58；而当 $N=4$ 时，两步复合协作的检测概率是 0.97。因此，随着协作用户数增加或者随着分集天线数的增加或者二者同时增加时，两步复合协作比经典硬决定协作的检测性能有显著改善。

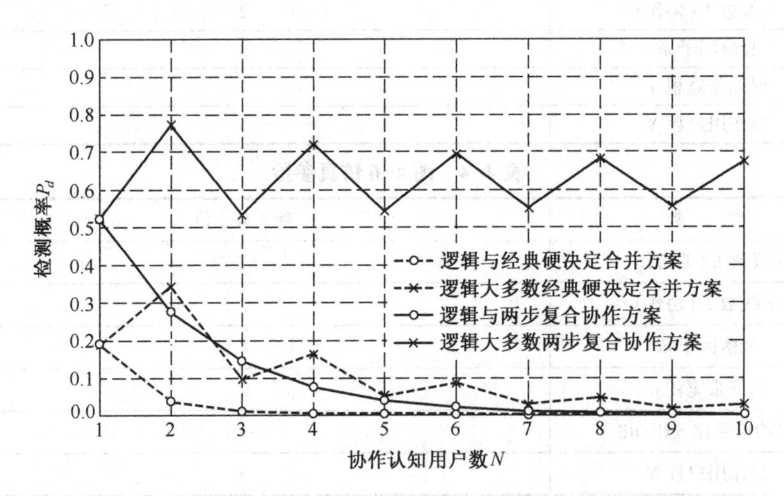

图 4-4 逻辑与和逻辑大多数平均检测概率对协作用户数性能比较曲线，基于 Nakagami-m 衰落信道

图 4-4 为逻辑 AND 和逻辑 MAJORITY 硬决定合并判决规则下，基于 SLC 软数据合并协作的两步复合协作的检测概率对协作用户数的性能比较曲线，平均信噪比为 1 dB，$u=2$，$m=3$，天线数 L（非协作）= 1，L（协作）= 2。由图 4-4 可以得出，逻辑 MAJORITY 硬决定合并判决规则下，两步复合协作的检测概率比经典硬决定协作的检测概率约高 0.5。而逻辑 AND 硬合并判决规则下，两步复合协作的检测概率比经典硬决定协作的检测概率约高 0.25，随着协作用户数的增加，检测性能越来越接近。

图 4-5 为基于 SLC 软数据协作的两步复合协作的检测概率对信噪比的性能比较曲线，比较两步复合协作和经典硬决定协作的频谱感知性能。参数如下：$N=5$，$u=2$，$m=3$，天线数 L（非协作）= 1，L（协作）= 2。从图 4-5

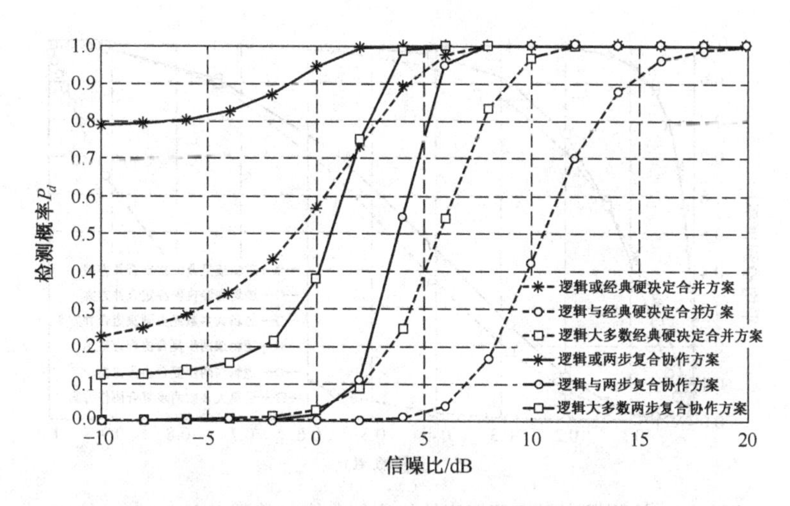

图 4-5　检测概率对信噪比性能比较曲线，基于 Nakagami-m 信道

可以看出，在低信噪比条件下，在逻辑 OR 判决规则中，两步复合协作频谱感知方案的检测概率比经典硬决定合并检测方案的检测概率约高 0.5。例如，当衰落信道的信噪比为-10 dB 时，经典硬决定协作的检测概率是 0.22；而当信噪比为-10 dB 时，两步复合协作的检测概率是 0.80。从图 4-5 还可以看出，在逻辑 AND 判决规则下，获得同样的检测概率，两步复合协作比经典硬决定协作有 7 dB 的分集增益。同样地，在逻辑 MAJORITY 判决规则下，获得同样的检测概率，两步复合协作比经典硬决定协作有 5 dB 的分集增益。因此，随着信噪比的增加或者分集天线数的增加或者随着二者同时增加，两步复合协作比经典硬决定协作的检测性能有显著改善。

图 4-6 为基于 SLC 软数据联合检测的两步复合协作的检测概率对虚警概率的性能比较曲线，比较两步复合协作和经典硬决定协作的频谱感知性能。参数如下：平均信噪比为-10 dB，$N=5$，$u=2$，$m=3$，天线数 L（非协作）= 1，L（协作）= 2。从图 4-6 可以看出，随着虚警概率的增加，两步复合协作的检测概率有显著的提高。与经典硬决定协作相比，两步复合协作呈现出更好的检测性能。例如，当虚警概率是 0.2 时，在逻辑 OR 判决规则下，两步复合协作比经典硬决定协作的检测概率约提高 0.3。同样地，在逻辑 AND 和逻辑 MAJORITY 判决规则下，两步复合协作比经典硬决定协作的检测概率分别约提高 0.1 和 0.7。

在文献[26]中，作者研究了三种硬决定规则下的检测性能，为了便于比较，数字仿真结果如图 4-7 和图 4-8 所示。

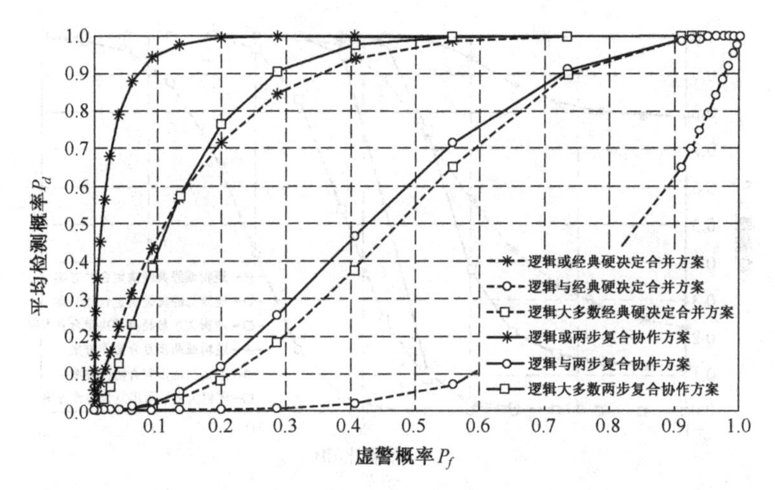

图 4-6 检测概率对虚警概率性能比较曲线，基于 Nakagami-m 信道

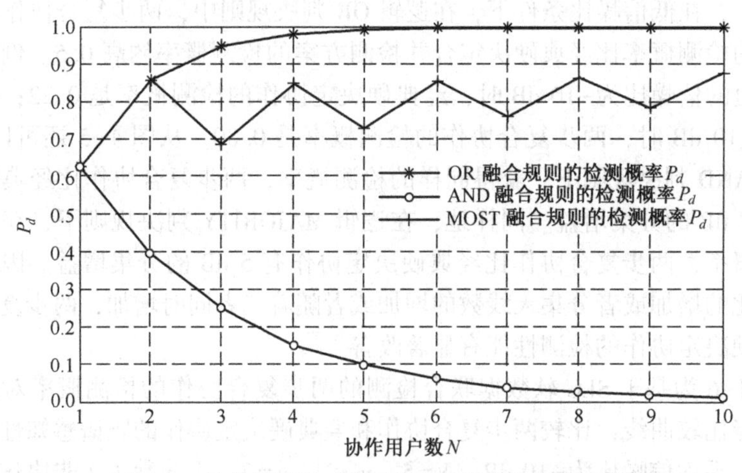

图 4-7 协作用户数对检测概率的性能比较曲线[26]

从图 4-7 可以看出，当一个认知用户时，三种融合规则的检测概率大约是 0.62，随着协作用户数的增加，OR 规则的检测概率越来越大，AND 规则的检测概率越来越小，MOST 规则的检测概率出现波动。

图 4-8 显示的是当信噪比在−20～20 dB 变化，认知用户数为 5 时，检测概率的变化情况。从图 4-8 可以看出，在−20～−5 dB 时，随着信噪比的增加，检测概率越来越大，其中，OR 规则的检测概率最大，AND 规则的检测概率最小，MOST 规则的检测概率次之，当信噪比大于−5 dB 时，三种规则的检测概率一样都是 1。

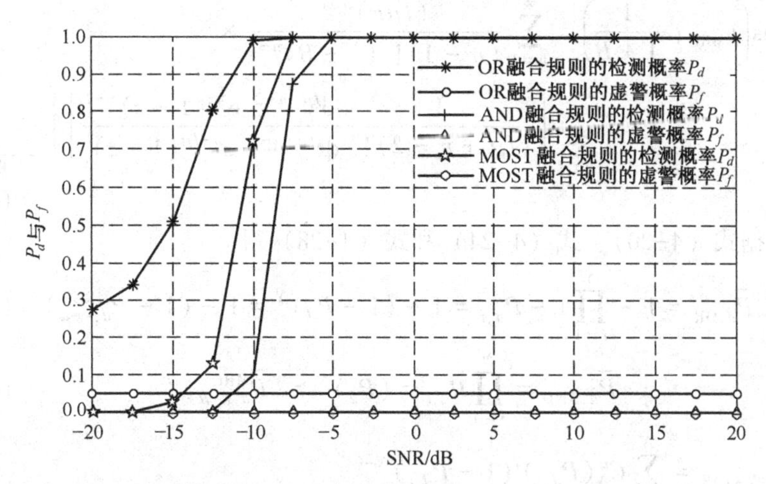

图 4-8　平均协作比对检测概率和虚警概率的性能比曲线[26]

4.6　κ-μ 衰落信道下的两步复合协作

4.6.1　κ-μ 衰落信道下 MRC 分集接收的两步复合协作

根据第 3 章定理 3.2，MRC 多天线信号检测分集接收方案，对于独立同分布的 κ-μ 衰落信道，平均检测概率 $\overline{P}_{d,\kappa-\mu}^{\mathrm{MRC}}$ 可以表示如下：

情形 1：$u>L\mu$。

$$\overline{P}_{d,\kappa-\mu}^{\mathrm{MRC}}=\mathrm{e}^{-\frac{\lambda}{2}}\left(\frac{B}{1+B}\right)^{L\mu}\times\left[\mathrm{Res}(p_{\mathrm{MRC}};\ 0)+\mathrm{Res}\left(p_{\mathrm{MRC}};\ \frac{1}{1+B}\right)\right] \tag{4-29}$$

情形 2：$u\leqslant L\mu$。

$$\overline{P}_{d,\kappa-\mu}^{\mathrm{MRC}}=\mathrm{e}^{-\frac{\lambda}{2}}\left(\frac{B}{1+B}\right)^{L\mu}\times\left[\mathrm{Res}\left(p_{\mathrm{MRC}};\ \frac{1}{1+B}\right)\right] \tag{4-30}$$

其中，

$$\mathrm{Res}(p_{\mathrm{MRC}};\ 0)=\sum_{n=1}^{\infty}\frac{(L\mu\kappa)^{n-1}}{(n-1)!\ (1+B)^{n-1}}\times\left[\frac{1}{(u-L\mu-1)!}\times\frac{\mathrm{d}^{u-L\mu-1}}{\mathrm{d}z^{u-L\mu-1}}\frac{\mathrm{e}^{\frac{\lambda}{2}z}(1-z)^{n-1}}{(1-z)\left(z-\frac{1}{1+B}\right)^{L\mu}}\right]\Bigg|_{z=0} \tag{4-31}$$

$$\operatorname{Res}\left(p_{\mathrm{MRC}};\frac{1}{1+B}\right)=\sum_{n=1}^{\infty}\frac{(L\mu\kappa)^{n-1}}{(n-1)!\ (1+B)^{n-1}}\times\left[\frac{1}{(L\mu+n-2)!}\frac{\mathrm{d}^{L\mu+n-2}}{\mathrm{d}z^{L\mu+n-2}}\frac{\mathrm{e}^{\frac{\lambda}{2}z}(1-z)^{n-1}}{z^{u-L\mu}(1-z)}\right]\Bigg|_{z=\frac{1}{1+B}} \tag{4-32}$$

根据式（4-20）、式（4-24）和式（4-28）得

$$\overline{P}_{d,\mathrm{OR}}=1-\prod_{i=1}^{N}1-P_{d,i}=1-(1-P_d)^N=1-(1-\overline{P}_{d,\kappa-\mu}^{\mathrm{MRC}})^N \tag{4-33}$$

$$\overline{P}_{d,\mathrm{AND}}=\prod_{i=1}^{N}P_{d,i}=(P_d)^N=(\overline{P}_{d,\kappa-\mu}^{\mathrm{MRC}})^N \tag{4-34}$$

$$\begin{aligned}\overline{P}_{d,\mathrm{MAJOR}}&=\sum_{i=\frac{N}{2}}^{N}C_N^i(P_{d,i})^i(1-P_{d,i})^{N-i}\\&=\sum_{i=\frac{N}{2}}^{N}C_N^i(P_d)^i(1-P_d)^{N-i}=\sum_{i=\frac{N}{2}}^{N}C_N^i(\overline{P}_{d,\kappa-\mu}^{\mathrm{MRC}})^i(1-\overline{P}_{d,\kappa-\mu}^{\mathrm{MRC}})^{N-i}\end{aligned} \tag{4-35}$$

4.6.2 κ-μ 衰落信道下 SLC 分集接收的两步复合协作

根据第3章定理3.3，SLC 多天线信号检测分集接收方案，对于独立同分布的 κ-μ 衰落信道，平均检测概率 $\overline{P}_{d,\kappa-\mu}^{\mathrm{SLC}}$ 可以表示如下：

情形1：$u>\mu$。

$$\overline{P}_{d,\kappa-\mu}^{\mathrm{SLC}}=\mathrm{e}^{-\frac{\lambda}{2}}\left(\frac{B}{1+B}\right)^{L\mu}\times\left[\operatorname{Res}(p_{\mathrm{SLC}};0)+\operatorname{Res}\left(p_{\mathrm{SLC}};\frac{1}{1+B}\right)\right] \tag{4-36}$$

情形2：$u\leqslant\mu$。

$$\overline{P}_{d,\kappa-\mu}^{\mathrm{SLC}}=\mathrm{e}^{-\frac{\lambda}{2}}\left(\frac{B}{1+B}\right)^{L\mu}\times\left[\operatorname{Res}\left(p_{\mathrm{SLC}};\frac{1}{1+B}\right)\right] \tag{4-37}$$

其中，

$$\operatorname{Res}(p_{\mathrm{SLC}};0)=\sum_{n=1}^{\infty}\frac{(L\mu\kappa)^{n-1}}{(n-1)!\ (1+B)^{n-1}}\times\left[\frac{1}{(Lu-L\mu-1)!}\frac{\mathrm{d}^{Lu-L\mu-1}}{\mathrm{d}z^{Lu-L\mu-1}}\frac{\mathrm{e}^{\frac{\lambda}{2}z}(1-z)^{n-1}}{(1-z)\left(z-\frac{1}{1+B}\right)^{L\mu+n-1}}\right]\Bigg|_{z=0} \tag{4-38}$$

$$\operatorname{Res}\left(p_{\mathrm{SLC}};\ \frac{1}{1+B}\right)=\sum_{n=1}^{\infty}\frac{(L\mu\kappa)^{n-1}}{(n-1)!\ (1+B)^{n-1}}\times$$
$$\left[\frac{1}{(L\mu+n-2)!}\frac{\mathrm{d}^{L\mu+n-2}}{\mathrm{d}z^{L\mu+n-2}}\frac{\mathrm{e}^{\frac{\lambda z}{2}}(1-z)^{n-1}}{z^{Lu-L\mu}(1-z)}\right]\Bigg|_{z=\frac{1}{1+B}} \tag{4-39}$$

根据式（4-20）、式（4-24）和式（4-28）得

$$\overline{P}_{d,\mathrm{OR}}=1-\prod_{i=1}^{N}1-P_{d,i}=1-(1-P_d)^N=1-(1-\overline{P}_{d,\kappa-\mu}^{\mathrm{SLC}})^N \tag{4-40}$$

$$\overline{P}_{d,\mathrm{AND}}=\prod_{i=1}^{N}P_{d,i}=(P_d)^N=(\overline{P}_{d,\kappa-\mu}^{\mathrm{SLC}})^N \tag{4-41}$$

$$\overline{P}_{d,\mathrm{MAJOR}}=\sum_{i=\frac{N}{2}}^{N}C_N^i(P_{d,i})^i(1-P_{d,i})^{N-i}=\sum_{i=\frac{N}{2}}^{N}C_N^i(P_d)^i(1-P_d)^{N-i}$$
$$=\sum_{i=\frac{N}{2}}^{N}C_N^i(\overline{P}_{d,\kappa-\mu}^{\mathrm{SLC}})^i(1-\overline{P}_{d,\kappa-\mu}^{\mathrm{SLC}})^{N-i} \tag{4-42}$$

4.6.3　η-μ 衰落信道 EGC 分集接收的两步复合联合检测

根据第3章定理3.4，基于EGC多天线信号检测分集接收方案，对于独立同分布的 $\eta-\mu$ 衰落信道，平均检测概率 $\overline{P}_{d,\eta-\mu}^{\mathrm{EGC}}$ 可以表示如下：

情形1：$Lu>2L\mu$。

$$\overline{P}_{d,\eta-\mu}^{\mathrm{EGC}}=\mathrm{e}^{-\frac{\lambda}{2}}\left[\frac{K}{(1+c_1)(1+c_2)}\right]^{L\mu}\left[\operatorname{Res}(p_{\mathrm{EGC}};\ 0)+\operatorname{Res}\left(p_{\mathrm{EGC}};\ \frac{1}{1+c_1}\right)+\operatorname{Res}\left(p_{\mathrm{EGC}};\ \frac{1}{1+c_2}\right)\right] \tag{4-43}$$

情形2：$Lu\leqslant 2L\mu$。

$$\overline{P}_{d,\eta-\mu}^{\mathrm{EGC}}=\mathrm{e}^{-\frac{\lambda}{2}}\left[\frac{K}{(1+c_1)(1+c_2)}\right]^{L\mu}\left[\operatorname{Res}\left(p_{\mathrm{EGC}};\ \frac{1}{1+c_1}\right)+\operatorname{Res}\left(p_{\mathrm{EGC}};\ \frac{1}{1+c_2}\right)\right] \tag{4-44}$$

其中，

$$\operatorname{Res}(p_{\mathrm{EGC}};\ 0)=\frac{1}{(Lu-2L\mu-1)!}\left[\frac{\mathrm{d}^{Lu-2L\mu-1}}{\mathrm{d}z^{Lu-2L\mu-1}}\frac{\mathrm{e}^{\frac{\lambda}{2}z}}{(1-z)\left(z-\frac{1}{1+c_1}\right)^{L\mu}\left(z-\frac{1}{1+c_2}\right)^{L\mu}}\right]\Bigg|_{z=0} \tag{4-45}$$

$$\mathrm{Res}\left(p_{\mathrm{EGC}};\frac{1}{1+c_1}\right)=\frac{1}{(L\mu-1)!}\left[\frac{\mathrm{d}^{L\mu-1}}{\mathrm{d}z^{L\mu-1}}\frac{\mathrm{e}^{\frac{\lambda}{2}z}}{(1-z)z^{Lu-2L\mu}\left(z-\dfrac{1}{1+c_2}\right)^{L\mu}}\right]\Bigg|_{z=\frac{1}{1+c_1}} \tag{4-46}$$

$$\mathrm{Res}\left(p_{\mathrm{EGC}};\frac{1}{1+c_2}\right)=\frac{1}{(L\mu-1)!}\left[\frac{\mathrm{d}^{L\mu-1}}{\mathrm{d}z^{L\mu-1}}\frac{\mathrm{e}^{\frac{\lambda}{2}z}}{(1-z)z^{Lu-2L\mu}\left(z-\dfrac{1}{1+c_1}\right)^{L\mu}}\right]\Bigg|_{z=\frac{1}{1+c_2}} \tag{4-47}$$

根据式（4-20）、式（4-24）和式（4-28）得

$$\overline{P}_{d,\mathrm{OR}}=1-\prod_{i=1}^{N}1-P_{d,i}=1-(1-P_d)^N=1-(1-\overline{P}_{d,\eta-\mu}^{\mathrm{EGC}})^N \tag{4-48}$$

$$\overline{P}_{d,\mathrm{AND}}=\prod_{i=1}^{N}P_{d,i}=(P_d)^N=(\overline{P}_{d,\eta-\mu}^{\mathrm{EGC}})^N \tag{4-49}$$

$$\begin{aligned}\overline{P}_{d,\mathrm{MAJOR}}&=\sum_{i=\frac{N}{2}}^{N}C_N^i(P_{d,\ i})^i(1-P_{d,i})^{N-i}\\&=\sum_{i=\frac{N}{2}}^{N}C_N^i(P_d)^i(1-P_d)^{N-i}=\sum_{i=\frac{N}{2}}^{N}C_N^i(\overline{P}_{d,\eta-\mu}^{\mathrm{EGC}})^i(1-\overline{P}_{d,\eta-\mu}^{\mathrm{EGC}})^{N-i}\end{aligned} \tag{4-50}$$

4.7 κ-μ 衰落信道下频谱感知数值结果与分析

本节对提出的两步复合协作频谱检测方案在 $\kappa-\mu$ 衰落信道下不同的分集方案的性能进行数值结果分析，包括：在 $\kappa-\mu$ 衰落信道下，MRC 多天线软协作的两步复合协作频谱感知性能；在 $\kappa-\mu$ 衰落信道下，SLC 多天线软协作的两步复合协作频谱感知性能；在 $\eta-\mu$ 衰落信道下，EGC 多天线分集平均检测概率对虚警概率性能，如表 4-5～表 4-7 及图 4-9～图 4-11 所示。

表 4-5　图 4-9 仿真参数

参　数	参 数 值
天线数 L（非协作）	1
天线数 L（协作）	2

续表

参　　数	参 数 值
参数 κ	4
参数 μ	1
时间带宽积 u	3
平均信噪比 SNR/dB	5

表 4-6　图 4-10 仿真参数

参　　数	参 数 值
天线数 L（非协作）	1
天线数 L（协作）	2
参数 k	4
参数 μ	1
时间带宽积 u	3
平均信噪比 SNR/dB	5

表 4-7　图 4-11 仿真参数

参　　数	参 数 值
天线数 L（非协作）	1
天线数 L（协作）	2
参数 η	-0.1
参数 μ	4
时间带宽积 u	3
平均信噪比 SNR/ dB	5

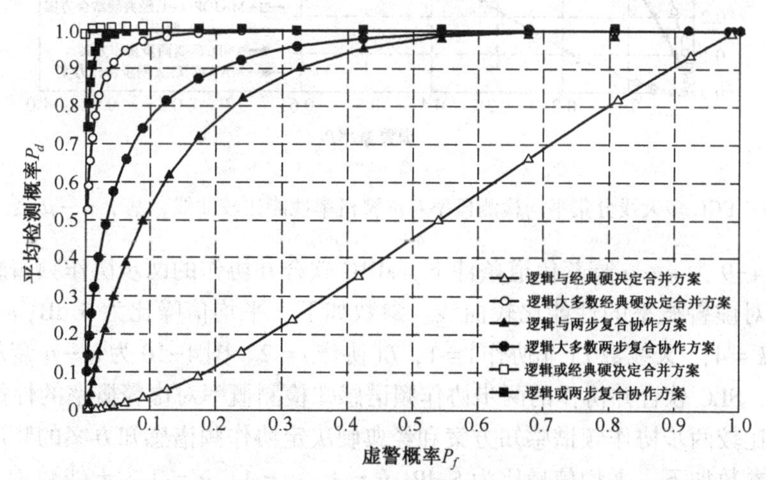

图 4-9　MRC 多天线分集平均检测概率对虚警概率性能比较曲线，基于 κ-μ 衰落信道

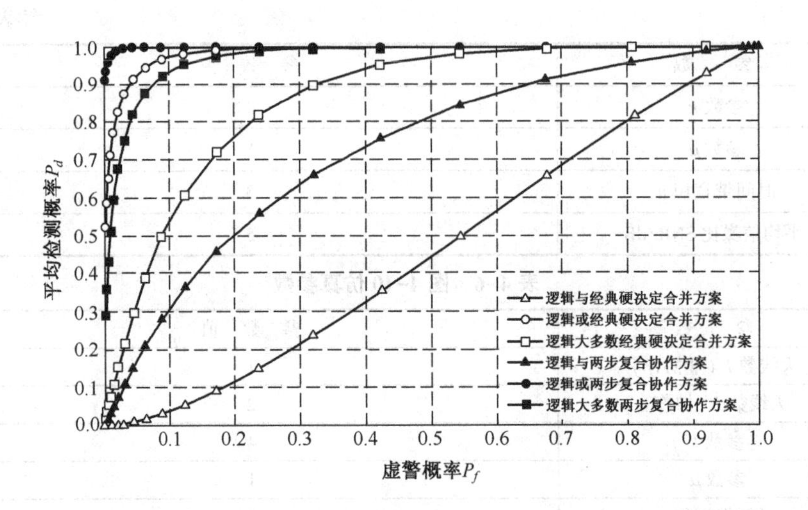

图 4-10 SLC 多天线分集平均检测概率对虚警概率性能比较曲线，基于 κ-μ 衰落信道

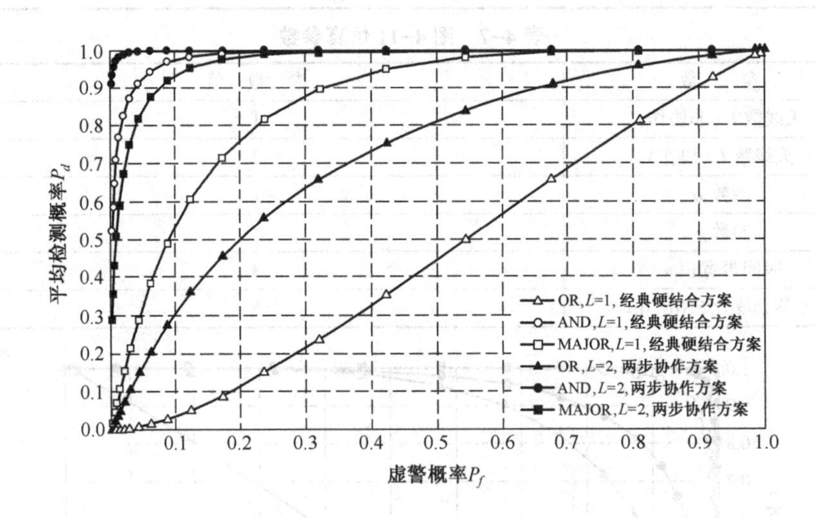

图 4-11 EGC 多天线分集平均检测概率对虚警概率性能比较曲线，基于 $\eta-\mu$ 衰落信道

图 4-9 为 $\kappa-\mu$ 衰落信道条件下，MRC 软合并协作的两步协作频谱感知检测概率对虚警概率的性能比较曲线。参数如下：平均信噪比为 5 dB，$u=3$，$\mu=1$，$k=4$，天线数 L(非协作)＝1，L(协作)＝2。图 4-10 为 $\kappa-\mu$ 衰落信道条件下，SLC 软合并协作的两步协作频谱感知检测概率对虚警概率的性能比较曲线。比较两步协作频谱感知方案和经典硬决定协作频谱感知方案的频谱感知性能。参数如下：平均信噪比为 5 dB，$u=3$，$\mu=1$，$\kappa=4$，天线数 L（非协

作) = 1，L(协作) = 2。图 4-11 为广义 $\eta-\mu$ 衰落信道条件下，基于 EGC 软合并协作的两步协作频谱感知检测概率对虚警概率的性能比较曲线。比较两步协作频谱感知方案和经典硬合并频谱感知方案的频谱感知性能。参数如下：平均信噪比为 5 dB，$u=3$，$\eta=-0.1$，$\mu=4$，天线数 L(非协作)=1，L（协作）=2。

从图 4-9、图 4-10 和图 4-11 可以看出，随着虚警概率的增加，两步复合协作频谱感知方案的检测概率有显著的提高。与经典硬决定协作方案相比，两步复合协作频谱感知方案呈现出更好的检测性能。

4.8　本章小结

本书提出了两步复合协作频谱感知方案，由于单天线认知用户软数据协作和硬决定协作各有自己的优点与缺点，提出了两步复合协作频谱检测方案，在认知用户接收机硬件结构稍微复杂的条件下，获得额外的空间分集增益，从而有效提高频谱检测性能。多天线协作频谱检测是有效提高频谱感知性能的有效手段。在提出的两步复合协作方案中，天线感知信息没有在网络中传输，和软数据协作频谱感知相比，降低了网络负载。数值结果显示，与经典的硬决定协作频谱感知方案相比，提出的两步复合协作频谱感知方案进一步提高了检测性能。本章还讨论了提出的两步复合协作方案在 $\kappa-\mu$ 衰落信道下的性能。不管是在特殊的 Nakagami-m 衰落信道下，还是在广义的 $\kappa-\mu$ 衰落信道下，体现了特殊与一般的统一。

本章内容总结如下：研究了多用户多天线协作的频谱感知与检测，提出了两步复合协作频谱感知与检测技术。该两步复合协作频谱感知与检测技术是基于两步复合的设计思想，第一步针对经典软数据协作网络负载大的缺点，认知用户独立执行软数据协作频谱感知，获得主用户是否存在的 1 bit 局部判决。第二步在第一步软数据协作的基础上认知用户执行经典硬决定协作频谱感知。这样可以达到硬决定协作和软数据协作的折中，既减小了网络负载，又提高了频谱检测性能。在 Nakagami-m 信道下，采用 SLC 多天线软协作，推导了两步复合协作频谱感知的平均检测概率表达式，分析了提出的两步复合协作频谱感知的频谱感知性能，仿真结果表明：提出的两步复合协作频谱感知的频谱感知性能比经典的硬决定协作频谱感知性能有显著的改善。更进一步，在广义 $\kappa-\mu$ 衰落信道下，采用 MRC 和 SLC 多天线软协作，推导了两步复合协作频谱感知的平均检测概率表达式，分析了在 $\kappa-\mu$ 衰落信道下提出的两步复合协作频谱感知的频谱感知性能，仿真结果也表明：提出的两步复合协作频谱感知的频谱感知性能比经典的硬决定协作频谱感知性能有显著的改善。综上所述，提出的两步复合协作频谱感知方案不管是在特殊的 Nakagami-m 衰落信道下，还是在广义 $\kappa-\mu$ 的衰落信道下，都呈现出良好的检测性能，体现了特殊与一般的统一。提出的两步复合协作频谱感知方案，兼有硬决定融合和软数据融合的优点，是一种性价比较高的可用于实际的频谱感知方案。

第5章 基于小波分析和压缩感知的非协作频谱检测技术研究

本章研究了两种非协作频谱检测技术：一是基于小波分析的认知无线电频谱检测技术，二是基于卡尔曼滤波的稀疏阶估计技术。

本章主要内容安排如下：基于小波分析的认知无线电频谱检测技术部分，回顾了现有的频谱感知方法和小波熵的应用前景，在介绍小波变换、小波包变换、小波包熵的基础上，推导了小波熵的计算表达式，提出了基于小波熵的认知无线电频谱感知算法。基于卡尔曼滤波的稀疏阶估计技术部分，首先介绍稀疏阶估计现有研究成果和不足，以及卡尔曼滤波的特征，接着描述稀疏信号的稀疏阶估计的向量模型，包括单测量向量模型和多测量向量模型，然后，研究了基于卡尔曼滤波的稀疏信号的稀疏阶估计技术，包括单测量向量的稀疏阶估计技术和多测量向量的稀疏阶估计技术，并分别给出了稀疏信号的稀疏阶估计算法。本书进行压缩感知场景下稀疏信号的稀疏阶估计技术研究，以压缩感知恢复算法中稀疏阶的估计为目标，通过经典的卡尔曼滤波方法估计稀疏信号的稀疏阶，以提高信号恢复精度，降低信号恢复成本为目的。

5.1 引　　言

随着无线通信技术特别是第五代移动通信技术乃至第六代移动通信技术的发展，无线频谱资源短缺的矛盾日益加剧，无线频谱是自然界一种有限的、稀缺的、珍贵的而且不能人为制造的自然资源，而无线频谱私有制模式分配的机制进一步加剧了频谱资源短缺的矛盾。授权无线频谱相对较低的利用率表明当前的频谱短缺主要是由于被授权的无线频谱没有得到充分的利用，而不是无线频谱真正的物理短缺。严重的无线频谱短缺困境，迫切期望一种新的技术产生，以解决当前无线频谱资源短缺的矛盾，在这种背景下，认知无线电技术应运而生。认知无线电技术能够认知当前的环境并不断地学习，从而对环境参数作出决定。

在认知无线电中，频谱感知是认知无线电实现其功能的前提，认知无线电技术自诞生以来，就引起了业界和学术界的高度关注，产生了形形色色的频谱感知方法，归纳起来，主要的有以下三种：能量检测[20]、匹配过波器检测[39]和循环平稳特征检测[79]。

三种算法的检测概率从大到小排序：循环平稳特征检测，匹配过滤器检测，能量检测；三种算法虚警概率从大到小排序：匹配过滤器检测，循环平稳特征检测，能量检测。循环平稳特征检测好的检测性能与抽样点有关，较多的抽样点将导致好的检测性能。因此，能量检测可以非常容易地操作，由于算法复杂度低，在实践中很容易实施并且时间开销小，匹配过滤器检测需要授权信号的先验信息，循环平稳特征检测具有很好的检测性能和高的算法开销。所以在实际操作中，我们根据不同系统的要求选择不同的单节点感知算法。

本章首先研究基于小波分析的认知无线电频谱感知与检测技术，介绍了小波变换，小波变换是小波熵的理论基础，也就是说，小波熵是基于小波变换而得到的，接着介绍了小波包变换和小波包熵[80]。小波熵和小波包熵的机理是相似的，都是基于香农的信息熵理论。香农的信息熵是一个分析系统复杂程度的有效工具，可以通过系统的信息量，描述系统的确定性和不确定性程度。文献［81］讨论了小波包熵在脑电信号分析中的应用，文献[82]分析了小波熵理论在电力系统故障诊断中的应用；除电力系统本身的复杂性和不确定性外，电力系统还具有非线性和时变性。文献［83］介绍了小波熵在微弱信号检测中的应用。

本章其次研究了基于压缩感知的认知无线电频谱感知与检测技术。频谱感知是认知无线电实现其功能的第一步。对动态频谱接入和管理，经常需要宽带频谱感知[84]，这给信号抽样带来了极大的挑战。近年来，一种称为压缩感知的理论给数据获取技术带来了革命性的突破。在压缩感知中，稀疏信号抽样数小于奈奎斯特率，原始信号同样能够被恢复。压缩感知成为应用数学、数字信号处理和无线通信等领域的一个热门话题。

在压缩感知理论中，稀疏信号的精确恢复依赖于信号的稀疏阶，也就是稀疏信号非零向量的个数。稀疏信号的稀疏阶在压缩感知中是一个非常重要的参数，它不仅是不知道的，而且是时变的。在当前压缩感知信号恢复算法中，稀疏信号的稀疏阶通常认为是已经知道的，并且取统计最大值。为了精确地恢复稀疏信号，减小信号恢复成本，估计稀疏信号的稀疏阶的值是很有必要的，并且，在信号恢复过程中，抽样数要随着稀疏信号的稀疏阶动态地变化，因此，我们提出了基于卡尔曼滤波的稀疏信号的稀疏阶估计技术，主要是根据稀疏信号的稀疏阶不断变化的特征和卡尔曼滤波对不断变化的物理量能够有效估计的特性。

卡尔曼滤波是用状态空间描述系统的，由状态方程和量测方程所组成。卡尔曼滤波用前一个状态的估计值和最近一个观测数据来估计状态变量的当前值，并以状态变量估计值的形式给出[42]。

卡尔曼滤波有以下几点特征：

（1）算法是递推的，且状态空间法采用在时域内设计滤波器的方法，因而适应于多维随机过程的设计，离散型卡尔曼算法适于计算机处理。

（2）用递推法计算，不需要知道全部过去的值，用状态方程描述状态变量的动态变化规律，因此信号可以是平稳的，也可以是非平稳的，即卡尔曼滤波适应于非平稳过程。

（3）卡尔曼滤波采用的误差准则为估计误差的均方值最小。

卡尔曼滤波的算法是递推的，信号可以是平稳的，也可以是非平稳的[42]，基于卡尔曼滤波的这些特征，一些学者研究了卡尔曼滤波在压缩感知中的应用。在文献[85]中，作者把卡尔曼滤波算法应用到压缩感知过程，把稀疏信号的重构视为两个交错的子问题，即支撑提取和降阶重构。在文献[86]中，作者提出了基于嵌入式伪测量范数和准范数的压缩感知卡尔曼滤波恢复算法。上述基于卡尔曼滤波的应用，目的都是稀疏信号的重构。本书中，我们主要关注的是基于卡尔曼滤波的稀疏信号的稀疏阶估计。

基于压缩感知恢复算法中稀疏信号的稀疏阶估计的重要性，学术界展开了对稀疏信号的稀疏阶估计的研究。在文献[87]中，作者提出基于蒙特卡洛仿真的两步稀疏信号的稀疏阶估计方法；在文献[88]中，作者提出用交叉验证的技术估计稀疏信号的稀疏阶，然而，前面的两种方法都需要重构稀疏信号，从而导致计算复杂度方面的巨大成本。作为一种方法，在文献[89]中，作者采用经典模型阶选择算法，这种方法容易受测量过程影响。在文献[90]中，作者提出了特征值阈值检验（eigenvalue-threshold test，EET）算法，这种方法利用了在训练期间获得的噪声特征值的经验分布，在文献[91]中，作者用测量信号协方差矩阵的最大特征值来估计稀疏信号的稀疏阶。后两种方法涉及协方差矩阵及其特征值，导致了较大的计算复杂度，在这种背景下，本书提出了基于卡尔曼滤波的稀疏信号的稀疏阶估计技术。

5.2 小波变换、小波包变换和小波包熵

5.2.1 小波变换

小波分析包括狭义的小波分析和广义的小波分析，狭义的小波分析即小波变换理论，包括小波变换和小波包变换；广义的小波分析，不仅包括小波变换理论，还包括小波熵理论，也包括小波熵和小波包熵。本节主要介绍小波变换，它是小波熵的基础，为5.3节讨论基于小波熵的认知无线电频谱感知奠定基础。

小波变换是基于多分辨率分析，利用正交小波基把信号分解为不同层级下的各个分量，其过程实质是不间断运用一组高通滤波器和低通滤波器，对时间序列信号进行分层分解。高通滤波器产生高频细节分量，低通滤波器产生低频近似分量。滤波器得到的高频细节分量和低频近似分量所占频带宽度相等[92,93]。

小波变换是把信号分解为相等的两部分：一部分是高频部分，一部分是低频部分。小波变换每次分解后丢弃高频部分，保留低频部分，再对低频部分进行同样的过程，一直分解下去，直到满足预定的要求为止。上述的分解过程如图5-1~图5-3所示。

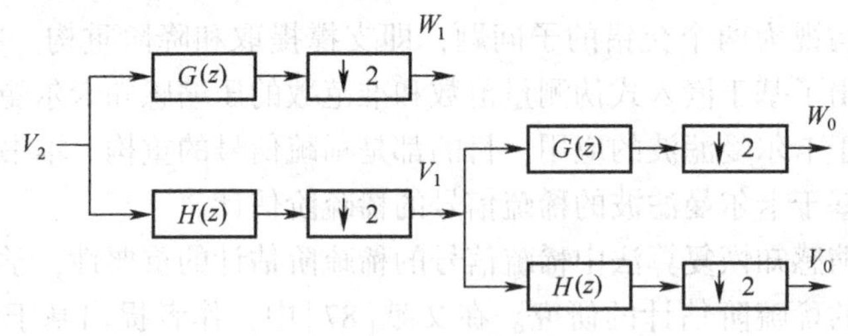

图5-1　二阶小波变换分解结构

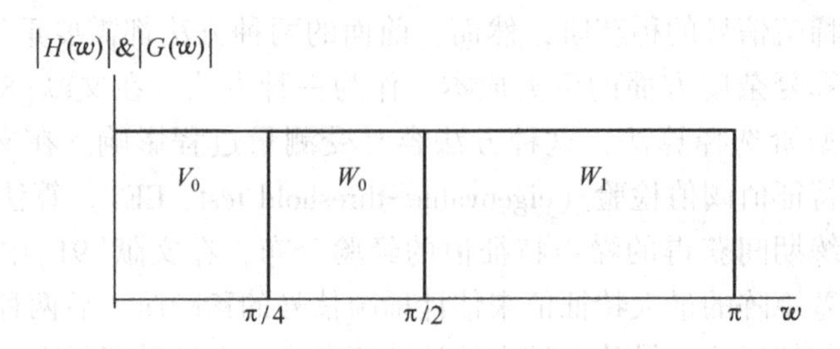

图5-2　二阶小波变换频率分解

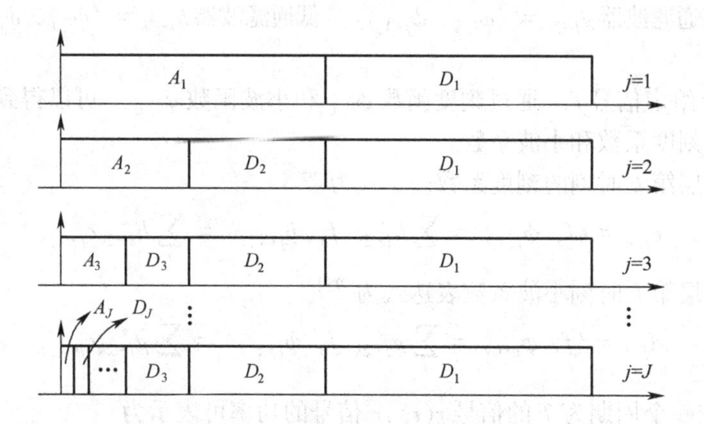

图 5-3　J 阶小波变换分解结构

设信号 $x(n)$ 经过快速小波变换，在第 j 阶分解尺度下 k 时刻的细节分量系数为 $d_j(k)$，近似分量系数为 $a_j(k)$，进行单支重构后得到的信号分量 $D_j(k)$、$A_j(k)$ 所包含的信息的频带范围为[94]

$$\begin{cases} D_j(k):\ [2^{-j+1}F_s,\ 2^{-j}F_s] \\ A_j(k):\ [0,\ 2^{-j+1}F_s] \end{cases} \tag{5-1}$$

其中，F_s 为信号的采样频率，J 为最大分解尺度。原始信号序列 $x(n)$ 可以表示为 $J+1$ 个分量的和，即

$$x(n) = D_1(n) + A_1(n) = D_1(n) + D_2(n) + A_2(n) = \sum_{j=1}^{J} D_j(n) + A_J(n) \tag{5-2}$$

为了统一，将 $A_J(n)$ 表示为 $D_{j+1}(n)$，则有

$$x(n) = \sum_{j=1}^{J+1} D_j(n) \tag{5-3}$$

离散小波变换分解给定的信号空间为两个不同的空间，一个近似空间 V 和一个细节空间 W，分解过程如下

$$V_{j+1} = W_j \oplus V_j = W_j \oplus W_{j-1} \oplus V_{j-1} \tag{5-4}$$

其中，W_j 是空间 V_{j+1} 中 V_j 的正交部分，$\oplus$表示两个子空间的正交和。空间 V_j 和 W_j 被正交刻度函数 $\phi_{j,k}$ 和正交小波函数 $\varphi_{j,k}$ 重构。刻度函数 $\phi_{j,k}$ 和小波函数 $\varphi_{j,k}$ 的表达式分别为[95]

$$\phi_{j,k}(t) = 2^{j/2}\phi(2^j t - k) = \sum_l h_{l-2k}\phi_{j+1,k}(t) \tag{5-5}$$

$$\varphi_{j,k}(t) = 2^{j/2}\varphi(2^j t - k) = \sum_l g_{l-2k}\phi_{j+1,k}(t) \tag{5-6}$$

其中，高通滤波器$g_{l-2k} = \langle \varphi_{j,k}, \phi_{j+1,l} \rangle$，低通滤波器$h_{l-2k} = \langle \phi_{j,k}, \phi_{j+1,l} \rangle$，表示内积。

一个给定信号f，通过刻度函数$\phi_{j,k}$和小波函数$\varphi_{j,k}$，可以得到第j层第k时刻的刻度系数和小波系数。

第j层第k时刻的刻度系数表达式为[95]

$$c_{j,k} = \langle f, \phi_{j,k} \rangle = \sum_{l} h^{*}_{l-2k} \langle f, \phi_{j+1,l} \rangle = \sum_{l} h^{*}_{l-2k} c_{j+1,l} \tag{5-7}$$

第j层第k时刻小波系数表达式为[95]

$$d_{j,k} = \langle f, \varphi_{j,k} \rangle = \sum_{l} g^{*}_{l-2k} \langle f, \phi_{j+1,l} \rangle = \sum_{l} g^{*}_{l-2k} c_{j+1,l} \tag{5-8}$$

假定一个周期为T的信号$r(t)$，信号的功率可表示为

$$P = \frac{1}{T}\int_{0}^{T} r^{2}(t)\,\mathrm{d}t \tag{5-9}$$

基于小波变换的刻度系数和小波系数，周期信号$r(t)$的表达式为[94]

$$r(t) = \sum_{k} c_{j_0,k}\phi_{j_0,k}(t) + \sum_{j \geqslant j_0} \sum_{k} d_{j,k}\varphi_{j,k}(t) \tag{5-10}$$

因此，基于正交小波函数和刻度函数，信号的功率表达式为[92]

$$\begin{aligned} P &= \frac{1}{T}\int_{0}^{T} r^{2}(t)\,\mathrm{d}t \\ &= \frac{1}{T}\left[\int_{0}^{T}\left\{ \sum_{k} c_{j_0,k}\phi_{j_0,k}(t) + \sum_{j \geqslant j_0} \sum_{k} d_{j,k}\varphi_{j,k}(t) \right\}^{2}\mathrm{d}t\right] \\ &= \frac{1}{T}\left[\sum_{k} c^{2}_{j_0,k} + \sum_{j \geqslant j_0} \sum_{k} d^{2}_{j,k} \right] \end{aligned} \tag{5-11}$$

5.2.2 小波包变换

对信号进行离散小波包变换，信号被分解成两部分：一部分是细节部分，另一部分是近似部分。信号空间被分解成近似空间和细节空间。重复这个过程，一直持续下去，直到满足要求为止。离散小波变换和离散小波包变换的区别在于细节空间，离散小波包变换不仅分解近似空间，而且分解细节空间，也就是说，离散小波包变换能够统一地分解频率带。其分解过程如图 5-4~图 5-7 所示。

图 5-6 是信号的三阶小波包变换分解结构，图 5-7 是信号的J阶小波包变换分解结构。在图 5-6 中，$s(t)$表示被检测的信号，对$s(t)$进行小波包变换，A表示低频部分，D表示高频部分。

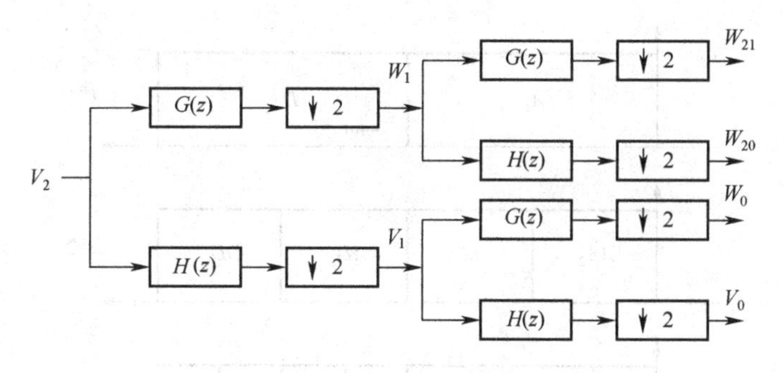

图 5-4　二阶小波包变换分解结构

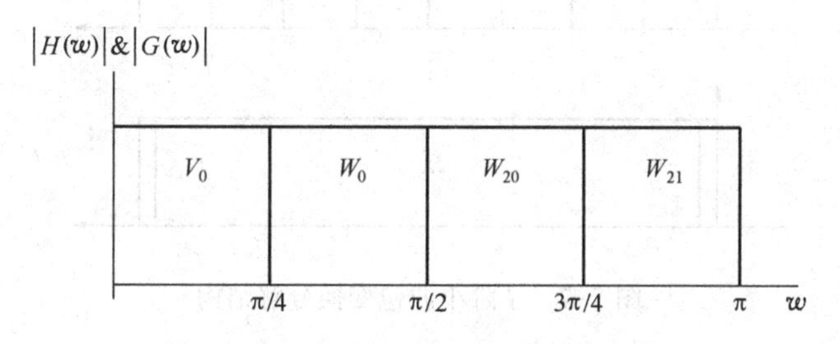

图 5-5　二阶小波变换频率分解

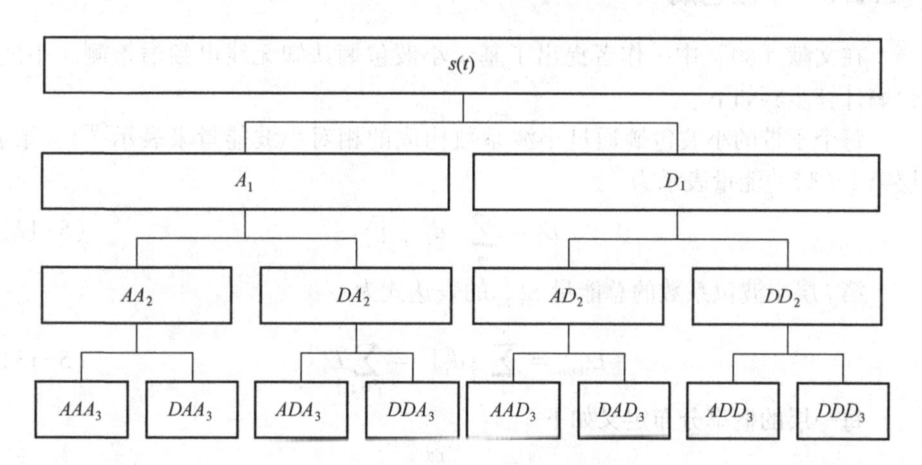

图 5-6　三阶小波包变换分解结构

对于某给定的层阶j，小波包变换分解噪声信号$x(n)$为2^j个子带，对应的小波系数集为[118] $d^j_{i,m}=\mathrm{WPT}\{x(n)j\}$，$n=1,2,\cdots,N$，$d^j_{i,m}$表示第$j$层第$i$个子带的第$m$个系数，其中，$m=1,2,\cdots,N/2^j$，$i=1,2,\cdots,2^j$，$j=1,2,\cdots,J$，$N$是抽样数。

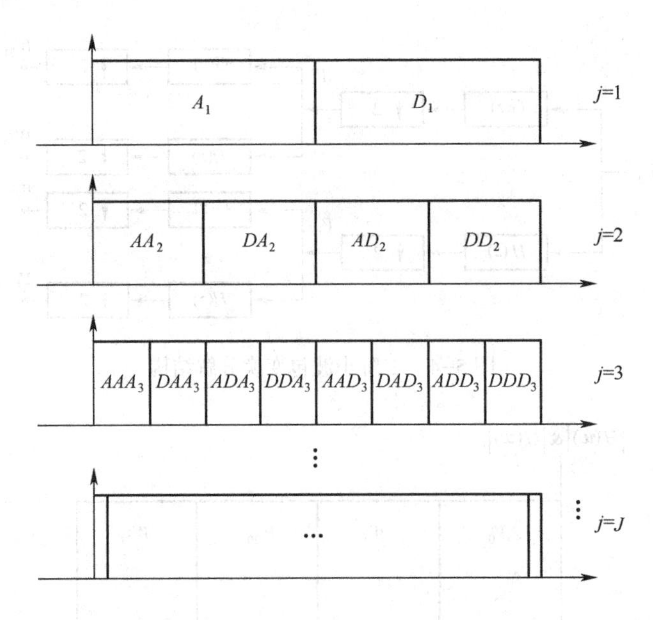

图 5-7　J 阶小波包变换分解结构

5.2.3　小波包熵

在文献［80］中，作者提出了基于小波包熵认知无线电频谱检测。小波包熵计算步骤如下。

每个子带的小波包熵通过小波系数构成的相对小波能量来表示[97]，第 j 层第 i 子带的能量表示为

$$E_i^j = \sum_m |d_{i,m}^j|^2 \tag{5-12}$$

第 j 层小波包系数的总能量 E_{total}^j 的表达式为

$$E_{\text{total}}^j = \sum_i |d_i^j|^2 = \sum_{i=1}^{2^j} E_i^j \tag{5-13}$$

每一层的概率分布定义如下

$$p_i^j = \frac{E_i^j}{E_{\text{total}}^j} \tag{5-14}$$

其中，p_i^j 表示归一化的小波能量，归一化的小波能量向量覆盖信号的整个频带。显然，$\sum p_i^j = 1$。对一个宽频带，归一化的小波能量向量 $\{p_1^j, p_2^j, \cdots\}$ 携带有子带位置的重要信息。第 j 层的小波包熵的表达式为

$$S_{wp}^{(j)} = -\sum_{i=1}^{2^j} p_i^j \log_2 (p_i^j) \tag{5-15}$$

5.3　小波熵频谱感知

5.3.1　小波熵

在本书中，我们提出了基于小波熵的认知无线电频谱检测技术。基于小波熵的定义，每个子带的小波熵通过小波系数构成的相对小波能量来表示。小波熵的计算步骤如下。

步骤 1：小波变换，把信号的第 j 层进行小波变换分解，抽样数为 N[98]，$d_{m,K}^j = WT\{x(n)j\}$，$n=1, 2, \cdots, N$，$d_{m,K}^j$ 为第 j 层第 m 个子带第 K 个小波系数。其中，$j=1, 2, \cdots, J$。

步骤 2：每个分解刻度的低频信息可以看成一个单一信号源，每层的低频小波系数被分成 m 个相等的部分。假定第 j 层低频小波系数是 d_j，抽样点数是 N，这些抽样点分成 m 个相等的部分，第 k 个子带基于小波系数的能量为

$$E_{j,k} = \sum^{N/m} |d_j(K)|^2 \tag{5-16}$$

$$k = 1, 2, \cdots, m, \quad K \in [(k-1)N/m + 1, kN/m]$$

步骤 3：第 j 层的总能量的表达式为

$$E_j = \sum^{N} |d_j(K)|^2, K = 1, 2, \cdots, N \tag{5-17}$$

步骤 4：第 k 个子带的概率分布定义为

$$p_{j,k} = \frac{E_{j,k}}{E_j}, k = 1, 2, \cdots, m \tag{5-18}$$

步骤 5：第 k 个子带的小波熵定义为

$$S_{we}^{(j)} = -\sum_{k=1}^{m} p_{j,k} \log_2 p_{j,k}, k = 1, 2, \cdots, m \tag{5-19}$$

5.3.2　频谱感知

根据步骤 2，每层的低频小波变换系数分成 m 个相等的部分，其中，$p_{j,k}$ 表示归一化的小波能量。归一化的小波能量向量覆盖信号的低频带，每一个子信号表示子空间能量的概率分布。显然，归一化的小波能量向量载有子带的频

率位置信息。

本书提出的频谱感知算法是基于信号抽样的小波熵，为了判决主用户信号是否占用授权频段，下面的讨论基于两种不同的假设，H_1 和 H_0，H_0 表示主用户不存在，H_1 表示主用户存在。

情形 1：H_0，在主用户不存在的情况下，认知用户接收到的信号仅包含噪声信号，$x(n)=w(n)$，是独立分布的高斯随机变量，不同层的小波熵的表达式为

$$S_{we}^{(j)}=S_{we}^{(j)}(w(n))=-\sum_{k=1}^{m}p_{j,k}\log_2 p_{j,k},\ k=1,2,\cdots,m;\ j=1,2,\cdots,J \tag{5-20}$$

情形 2：H_1，在主用户存在的情况下，认知用户收到的信号既有主用户信号，又有噪声信号，即 $x(n)=s(n)+w(n)$，认知用户接收信号 $x(n)$ 的小波熵的表达式为

$$S_{we}^{(j)}=S_{we}^{(j)}(x(n))=-\sum_{k=1}^{m}p_{j,k}\log_2 p_{j,k},\ k=1,2,\cdots,m;\ j=1,2,\cdots,J \tag{5-21}$$

对于给定的小波变换层阶 j，小波熵通过式（5-20）和式（5-21）计算得到，小波熵的检验统计的表达式为[80]

$$\begin{aligned}T_j(x)&=-\sum_{k=1}^{m}p_{j,k}\log_2 p_{j,k},\ k=1,2,\cdots,m;\ j=1,2,\cdots,J\\&=-\sum_{k=1}^{m}\frac{E_{j,k}}{E_j}\log_2\left(\frac{E_{j,k}}{E_j}\right)\begin{cases}\leqslant\lambda^j, & H_1\\>\lambda^j, & H_0\end{cases}\end{aligned} \tag{5-22}$$

其中，λ^j 是由虚警概率决定的检测阈值，λ^j 表达式为 $\lambda^j=s_{we}^{(j)}w(n)+Q^{-1}(1-P_f)\sigma_e$，$\sigma_e$ 为标准方差，$Q(x)=(1/\sqrt{2\pi})\int_x^{\infty}\exp(-\tau^2/2)\mathrm{d}\tau$，$Q^{-1}(x)$ 是 $Q(x)$ 函数的逆。

基于小波熵的认知无线电频谱感知算法如下。

步骤 1：初始化参数，分解层次 $j(j=1,2,\cdots,J)$，抽样数 $N(N=1,2,\cdots)$。

步骤 2：小波变换，得到小波系数 d_j，高频部分丢弃，保留低频部分。

步骤 3：小波变换，低频段分成 m 个相等的部分，初始化抽样参数 N，则每部分的抽样点数为 N/m。

步骤 4：第 k 个子带基于小波系数的能量为 $E_{j,k}=\sum^{N/m}|d_j(K)|^2$，$k=1$，

2，…，m；$K \in [(k-1)N/m+1,\ kN/m]$。

步骤 5：小波变换，第 j 层的能量 E_j 为 $E_j = \sum^{N} |d_j(K)|^2$，$K=1$，2，…，$N$。

步骤 6：第 k 个子带的概率分布定义为 $p_{j,k} = \dfrac{E_{j,k}}{E_j}$，$k=1$，2，…，$m$。

步骤 7：第 k 个子带的小波熵定义为 $S_{we}^{(j)} = -\sum^{m} p_{j,k}\log_2 p_{j,k}$，$k=1$，2，…，$m$。

步骤 8：在主用户不存在的情况下，认知用户接收到的信号仅包含噪声信号，$x(n)=w(n)$，是独立分布的高斯随机变量，不同层的小波熵的表达式为 $S_{we}^{(j)} = S_{we}^{(j)}(w(n)) = -\sum^{m} p_{j,k}\log_2 p_{j,k}$，$k=1$，2，…，$m$；$j=1$，2，…，$m$。

在主用户存在的情况下，认知用户接收到的信号既有主用户信号，又有噪声信号，即 $x(n)=s(n)+w(n)$，认知用户接收信号 $x(n)$ 的小波熵的表达式为 $S_{we}^{(j)} = S_{we}^{(j)}(x(n)) = -\sum^{m} p_{j,k}\log_2 p_{j,k}$，$k=1$，2，…，$m$；$j=1$，2，…，$m$。

步骤 9：小波熵的检验统计的表达式为

$$T_j(x) = -\sum_{k=1}^{m} p_{j,k}\log_2 p_{j,k},\ k=1,2,\cdots,m;\ j=1,2,\cdots,J$$

$$= -\sum_{k=1}^{m} \frac{E_{j,k}}{E_j}\log_2\left(\frac{E_{j,k}}{E_j}\right)\begin{cases} \leqslant \lambda^j, & H_1 \\ > \lambda^j, & H_0 \end{cases}$$

步骤 10：根据步骤 8 计算得到小波熵，然后与步骤 9 小波熵阈值的检验统计比较，最后根据比较结果得到频谱感知结果，主用户是否占用授权频段。

5.3.3　小波熵和小波包熵比较分析

我们提出的基于小波熵的频谱感知是基于小波变换，文献[80]提出的基于小波包熵的频谱感知是基于小波包变换，不管是小波熵还是小波包熵，都是基于信息熵的原理。相比较而言，计算每个子带的能量，小波包熵更容易计算，因为小波包熵是基于小波包变换，把频带分为 2^n 个子带，而小波变换只是把低频带进行分解，子带的个数不一定是 2^n。计算小波熵，关键在于小波熵频谱感知算法中的步骤 4。为了说明问题，把步骤 4 重写如下，并根据步骤 4 举例说明。

根据步骤 3 和步骤 4，每个分解刻度的低频信息可以看成一个单一信号源，每层的低频小波系数被分成 m 个相等的部分。假定第 j 层低频小波系数是 d_j，抽样点数是 N，这些抽样点分成 m 个相等的部分，第 k 个子带基于小波系数的能量为

$$E_{j,k}=\sum^{N/m}|d_j(K)|^2,\ k=1,\ 2,\ \cdots,\ m;\ K\in[(k-1)N/m+1,\ kN/m]$$

例如，假设 $N=21$，当 $m=3$ 时，$k=1$，2，3。

当 $k=1$ 时，根据 $K\in[(k-1)N/m+1,\ kN/m]$，得 $K\in[1,\ 7]$；

当 $k=2$ 时，根据 $K\in[(k-1)N/m+1,\ kN/m]$，得 $K\in[8,\ 14]$；

当 $k=3$ 时，根据 $K\in[(k-1)N/m+1,\ kN/m]$，得 $K\in[15,\ 21]$。

5.3.4 小波熵和小波包熵复杂度分析

小波熵是基于小波变换，小波包熵是基于小波包变换，因此以 dB5 小波为例比较小波变换和小波包变换的计算复杂度[95]。

离散小波变换：dB5 小波 FIR 滤波器方案

$$2\times 10\text{coeff.}\times(N+N/2+\cdots+N/2^{\log_2(N-1)})=40(N-1) \tag{5-23}$$

离散小波包变换：dB5 小波 FIR 滤波器方案

$$2\times 10\text{coeff.}\times(2N+\cdots+2^{(\log_2 N)}N/2^{\log_2(N-1)})=10\times(2N\log_2 N) \tag{5-24}$$

从以上的计算可以看出：小波变换的计算复杂度比小波包变换的计算复杂度要低得多，因此我们提出的小波熵的认知无线电频谱检测算法的计算复杂度比小波包熵的频谱检测算法的计算复杂度低得多。

5.3.5 小波分析频谱感知性能比较

由本章前面所述，小波变换和小波包变换的区别是小波包变换不仅分解近似空间，而且分解细节空间，也就是说，小波包变换能够统一地分解频率带，而小波变换每次分解后保留了低频信息，丢弃了高频信息。根据 2.4.4 小节信息不增性原理，在信息处理中，数据经过归并处理后满足 $I(X;\ Y)\geqslant I[X;\ D(Y)]$，也就是说，经过分类或归并性信息处理后，信息只可能减少，不可能增加。所以，基于小波包变换的认知无线电频谱检测性能优于基于小波变换的认知无线电频谱检测性能。

小波熵和小波包熵的相同点是都是基于香农的信息熵，不同点是小波熵是基于小波变换的，而小波包熵是基于小波包变换的。同样地，根据 2.4.4 小节信息不增性原理，在信息处理中，数据经过归并处理后满足 $I(X;\ Y)\geqslant I[X;\ D(Y)]$，因此，小波熵的互信息小于小波包熵的互信息，互信息小，频谱检

测性能差，所以，小波包熵的认知无线电频谱检测性能优于小波熵的认知无线电频谱检测性能。

小波变换和小波包变换的认知无线电频谱检测本质上是一种能量检测，是用小波系数表示的检测信号能量，检测性能优于经典的能量检测，但检测概率低于小波熵和小波包熵的认知无线电频谱检测。

综上所述，我们可以得出如下结论：在其他条件相同的情况下，小波包熵的检测概率、小波熵的检测概率、小波包变换的检测概率、小波变换的检测概率和经典的能量检测依次递减，下面的数值结果与分析也验证了上面的结论。

5.4　小波熵频谱感知数值结果与分析

5.4.1　数值分析参数

小波熵频谱感知数值仿真参数如表 5-1 所示。

表 5-1　小波熵频谱感知数值仿真参数

参　数	参 数 值
符号速率 s /(kbit/s)	5
载波频率 f_c /kHz	40
抽样频率 f_s /kHz	100
抽样数 m	5 000
试验次数 N	5 000
信噪比 SNR/dB	−20~0
小波分解刻度 J	4

5.4.2　数值结果与分析

本节对小波熵的认知无线电频谱感知算法的性能进行数值结果分析，并与小波分析的其他认知无线电频谱感知算法的性能进行比较，评估小波熵的认知无线电频谱感知算法的性能。具体如表 5-2~表 5-6 和图 5-8~图 5-12 所示。

表 5-2 图 5-8 仿真参数

参 数	参 数 值
虚警概率 P_f	0.1
ED 不稳定度参数 U	0.5~2
WED 不稳定度参数 U	0~3
WPED 不稳定度参数 U	0~3
平均信噪比 SNR/dB	-20~0

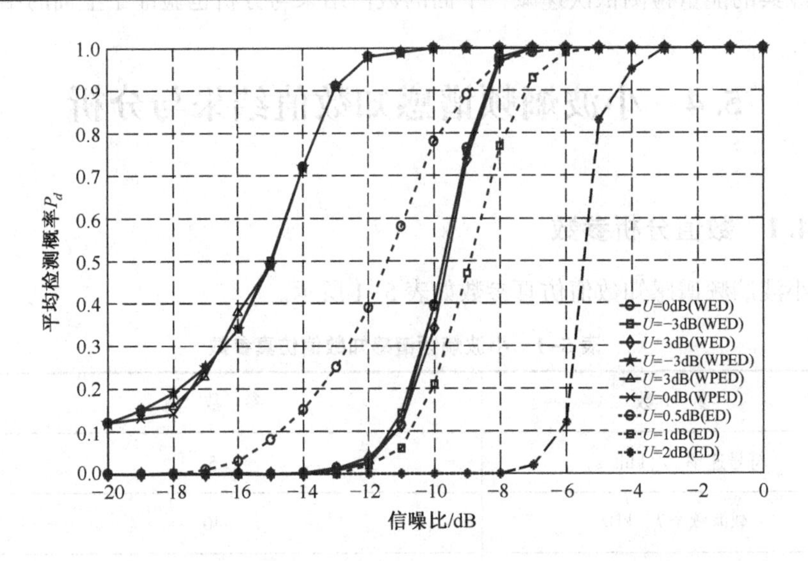

图 5-8　检测概率对信噪比稳定度性能比较曲线，小波熵频谱检测（WED）、小波包熵频谱检测（WPED）和能量检测（ED）

图 5-8 描述的是检测概率对信噪比变化的性能比较曲线，变化曲线分别为小波熵频谱检测、小波包熵频谱检测和能量检测。为了验证算法的鲁棒性，定义峰峰值为噪声功率不确定度 U[99]，能量的频谱检测不确定度 U 的值分别为 0.5 dB，1 dB，2 dB。小波熵和小波包熵的频谱检测不确定度 U 的值分别为 0 dB，-3 dB，3 dB。从图 5-8 看出，随着噪声不确定度 U 的增加，能量检测的频谱感知性能越来越差，而随着噪声不确定度 U 的增加，小波熵频谱检测和小波包熵频谱检测的检测概率曲线几乎没有发生平移，本书提出的小波熵频谱检测技术对噪声变化有很强的鲁棒性。

图 5-9 描述的是小波熵频谱检测技术和小波包熵频谱检测技术随着信噪比和分解层次的变化频谱检测概率对比曲线。数值分析参数：虚警概率为 0.1。从图 5-9 可以看出，当分解层次逐渐变大时，检测性能越来越好；随着

表 5-3　图 5-9 仿真参数

参　数	参 数 值
虚警概率 P_f	0.1
WED 分解层次 J	1~4
WPED 分解层次 J	1~4
平均信噪比 SNR/dB	-20~0

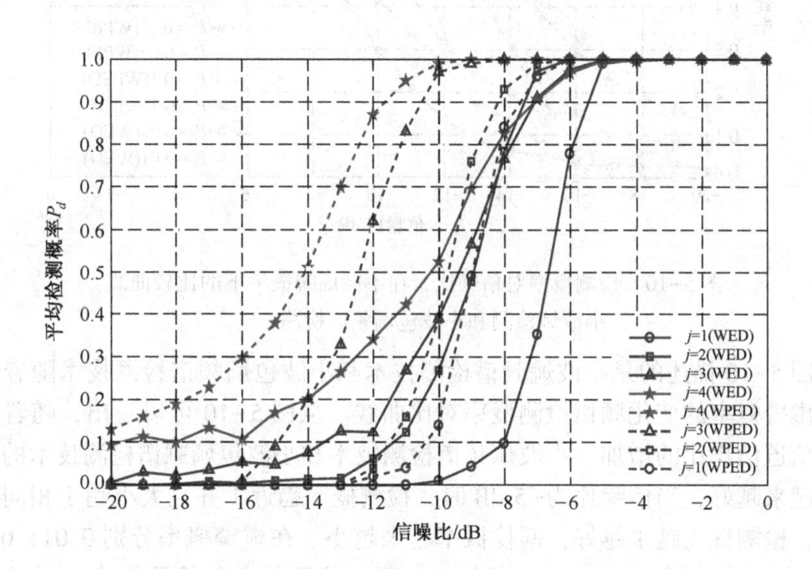

图 5-9　检测概率对信噪比在不同分解层次下的比较曲线，小波熵检测和小波包熵频谱检测

信噪比的增加，检测概率越来越大，因为检测概率和漏检概率之和为 1，所以漏检概率越来越小。在分解层次分别为 1，2，3，4 和信噪比区间-16~-6 dB 条件下，两种检测技术的检测概率一样的情况下，小波包熵的信噪比比小波熵的信噪比分别小 2 dB，1 dB，3 dB，4 dB。这是一个理论数值，实际的移动通信场景信噪比一般大于-9 dB。从图 5-9 还可以看出，当无线信道的信噪比大于-5 dB 时，两种检测技术的检测概率几乎一样，都趋近于 1。

表 5-4　图 5-10 仿真参数

参　数	参 数 值
WED 虚警概率 P_f	0.01、0.05、0.1
WPED 虚警概率 P_f	0.01、0.05、0.1
平均信噪比 SNR/dB	-20~0
分解层次 J	3

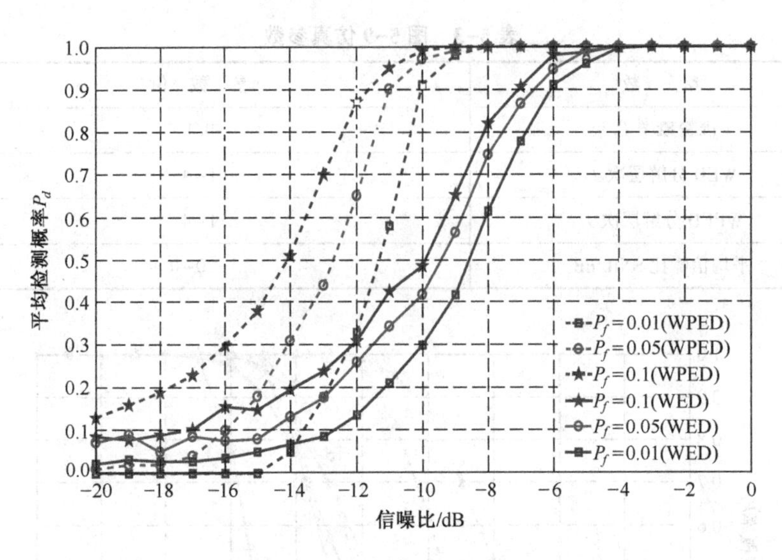

图 5-10　检测概率对信噪比，在不同虚警概率下的比较曲线，
小波熵检测和小波包熵频谱检测

图 5-10 描述的是小波熵频谱检测技术和小波包熵频谱检测技术随着信噪比和虚警概率的变化频谱检测概率对比曲线。从图 5-10 可以看出，随着无线衰落信道信噪比的增加，小波熵频谱检测技术和小波包熵频谱检测技术的检测性能越来越好，当信噪比为-5 dB 时，检测概率趋近 1 并且大小趋于相同。同样地，检测性能越来越好，漏检概率越来越小。在虚警概率分别 0.01，0.05，0.1 和信噪比区间-15～-5 dB 条件下，两种检测技术的检测概率一样的情况下，小波包熵的信噪比比小波熵的信噪比小 3 dB，4 dB，5 dB。而实际的移动通信场景信噪比一般大于-9 dB，小波熵的频谱检测技术有较好的检测性能、低复杂度和较高的鲁棒性，更有实际应用价值。

表 5-5　图 5-11 仿真参数

参　数	参 数 值
WED 虚警概率 P_f	0.0001、0.001、0.01
WPTD 虚警概率 P_f	0.0001、0.001、0.01
平均信噪比 SNR/dB	-10~0
分解层次 J	3

检测概率有较大的差异，如在虚警概率为 0.01 的条件下，图 5-11 描述的是小波熵频谱检测技术和小波包变换频谱检测技术随着信噪比和虚警概率的变化频谱检测概率对比曲线。从图 5-11 可以看出，随着信噪比的增加，两种检

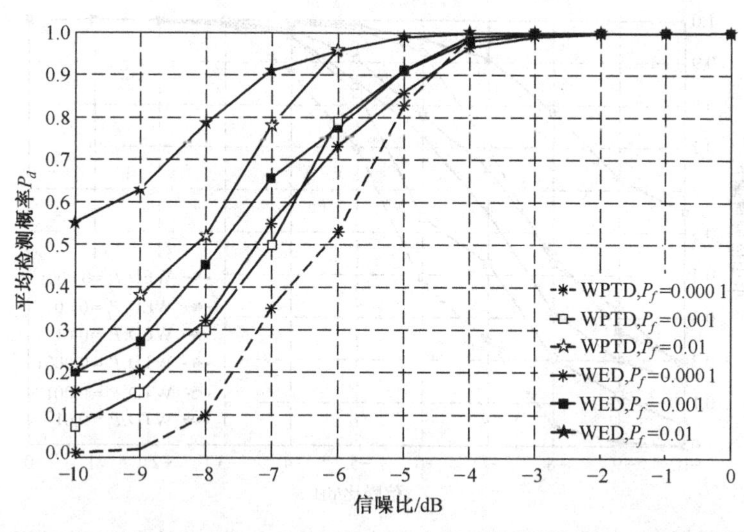

图 5-11　检测概率对信噪比比较曲线，小波熵检测和小波包变换频谱检测

测技术的性能越来越好。同样地，检测性能越来越好，漏检概率越来越小。当信噪比为-4 dB 时，检测概率趋近 1 并且大小趋于相同，但两种检测技术的当信噪比为-8 dB 时，小波熵的检测率为 0.8，而小波变换的频谱检测概率为 0.52。在虚警概率为 0.000 1 的条件下，当信噪比为-8 dB 时，小波熵的检测率为 0.32，而小波变换的频谱检测概率为 0.1。同时，从图 5-11 还可以看出，随着虚警概率的增加，检测性能也越来越好，但两种检测技术的检测概率也有较大差异，小波熵的频谱检测性能优于小波包变换的检测性能。

表 5-6　图 5-12 仿真参数

参　数	参 数 值
WED 虚警概率 P_f	0.0001、0.001、0.01
WTD 虚警概率 P_f	0.0001、0.001、0.01
平均信噪比 SNR/dB	-10~0
分解层次 J	3

图 5-12 描述的是小波熵频谱检测技术和小波变换频谱检测技术随着信噪比与虚警概率的变化频谱检测概率对比曲线。从图 5-12 可以看出随着信噪比的增加，两种检测技术的性能越来越好。同样地，检测性能越来越好，漏检概率越来越小。当信噪比为-3 dB 时，检测概率趋近 1 并且大小趋于相同，但两种检测技术的检测概率有较大的差异，如在虚警概率为 0.01 的条件下，当信噪比为-8 dB 时，基于小波熵的检测率为 0.78，而基于小波变换的频谱检测概率为 0.42。在虚警概率为 0.000 1 的条件下，当信噪比为-8 dB 时，小波熵的

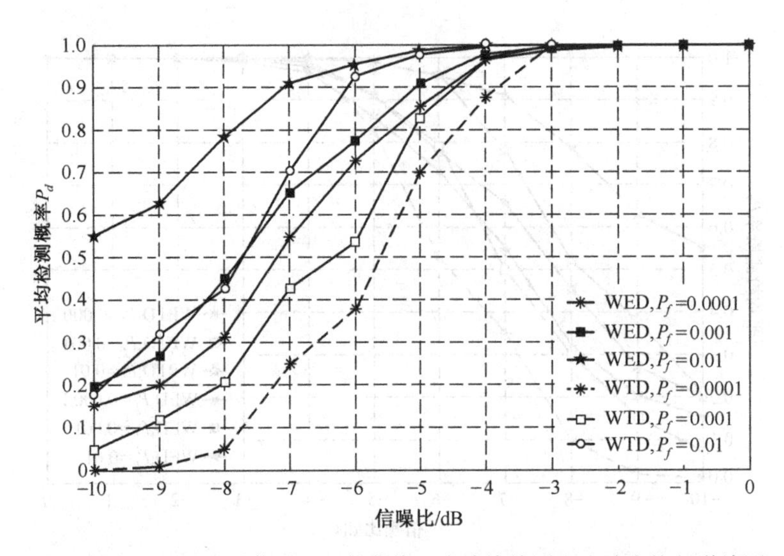

图 5-12　检测概率对信噪比比较曲线，小波熵检测和小波变换频谱检测

检测概率为 0.2，而小波变换的频谱检测概率为 0.01。同时，从图 5-12 还可以看出，随着虚警概率的增加，检测性能也越来越好，但两种检测技术的检测概率有更大差异。小波熵的检测性能优于小波变换的检测性能。

在文献[80]中，作者研究了小波包熵的检测性能，为了便于比较，数字仿真结果如图 5-13～图 5-16 所示。

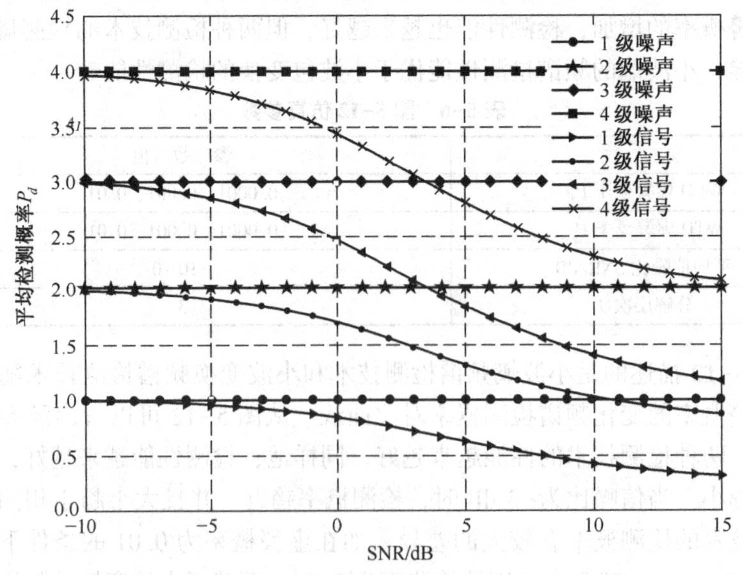

图 5-13　检测信号和噪声的小波包熵对信噪比的变化曲线，基于不同的阶[80]

根据提出的小波包熵估计方法，基于不同的阶，图 5-13 显示了信号和噪声的小波包熵随着信噪比的变化曲线，信噪比的变化范围是-10～15 dB。从图 5-13可以看出，当阶数不变的条件下，在 H_0 的情形，小波包熵独立于信噪比，即不随着信噪比的变化而变化。从图 5-13 可以看出，在 H_0 的情形，随着信噪比的增加小波包熵单调减少。

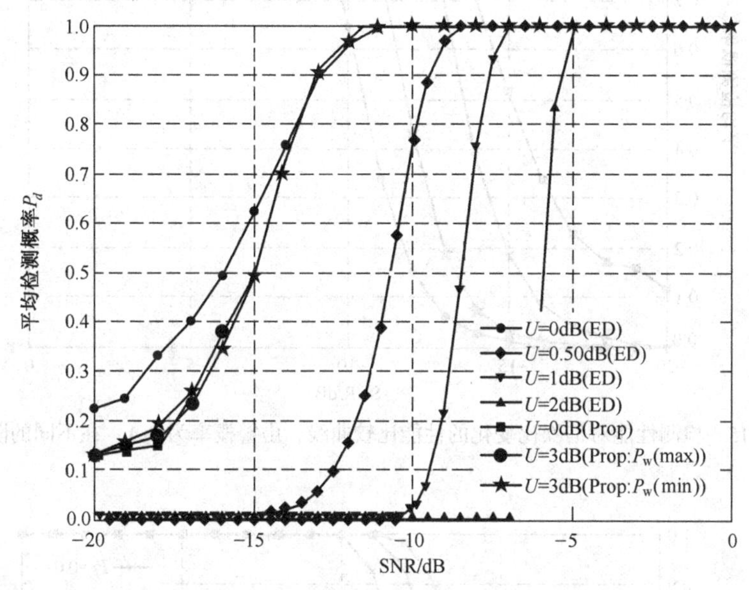

图 5-14　检测概率对信噪比稳定度性能比较曲线，小波包熵频谱检测和能量检测[80]

图 5-14 描述的是检测概率对信噪比变化的性能比较曲线，变化曲线分别是小波包熵频谱检测和能量检测。为了验证算法的鲁棒性，定义峰峰值为噪声功率不确定度 U[99]，能量的频谱检测不确定度 U 的值分别为 0 dB，0.5 dB，1 dB，2 dB。小波熵和小波包熵的频谱检测不确定度 U 的值分别为 0 dB，-3 dB，3 dB。从图 5-14 可以看出，随着噪声不确定度 U 的增加，能量检测的频谱感知性能越来越差，而随着噪声不确定度 U 的增加，小波包熵频谱检测的检测概率曲线几乎没有发生平移，小波包熵频谱检测技术对噪声变化有很强的鲁棒性。

图 5-15 描述的是检测概率对信噪比变化的性能比较曲线，仿真条件：虚警概率为 0.1，分解层次从 1 变化到 4。从图 5-15 可以看出，随着分解层次的增加，在相同的信噪比条件下，检测性能越来越好。

图 5-16 描述的是检测概率对信噪比变化的性能比较曲线，仿真条件：分解层次为 4，虚警概率分别为 0.01，0.05，0.1。从图 5-16 可以看出，随着虚警概率的增加，在相同分解层次条件下，检测性能越来越好。

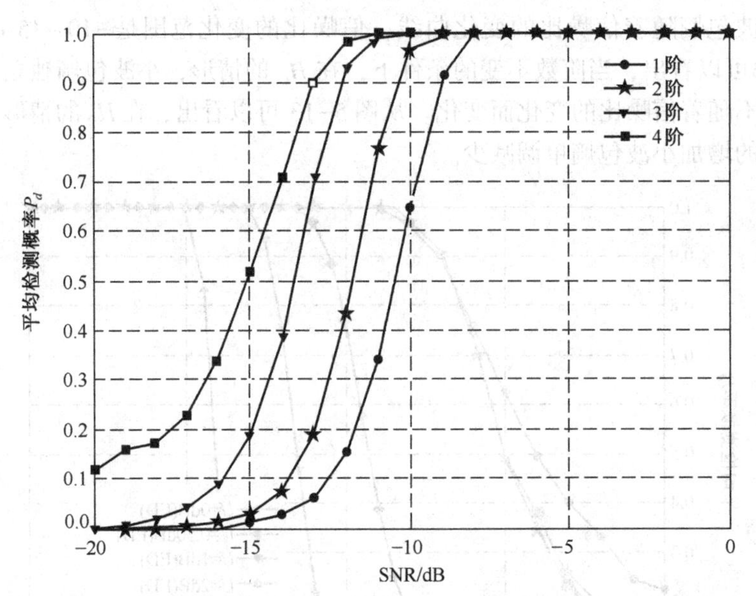

图 5-15 检测性能对信噪比变化的性能比较曲线，虚警概率为 0.1，在不同的阶[80]

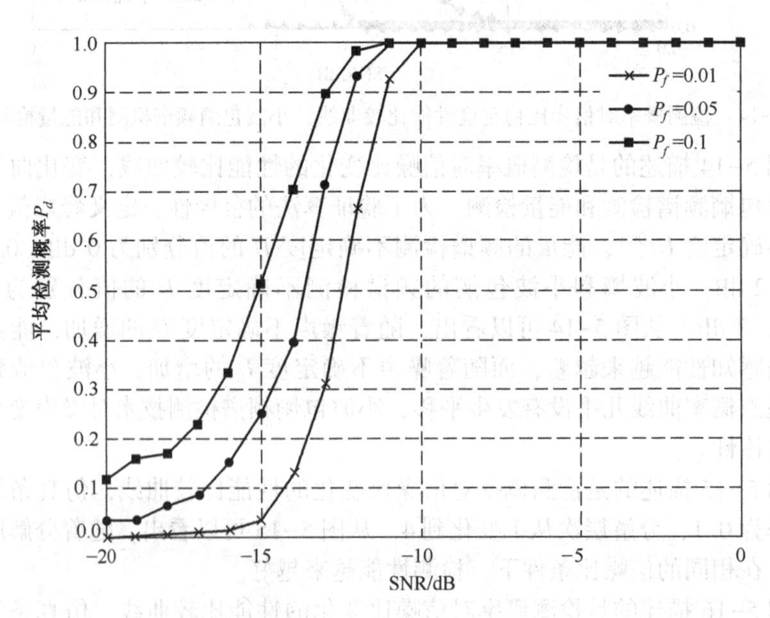

图 5-16 检测性能对信噪比变化的性能比较曲线，分解层次为 4，在不同的虚警概率[80]

5.5　压缩感知中卡尔曼滤波的稀疏阶估计

5.5.1　压缩感知

压缩感知理论是2004年由David L. Donoho，Emmanuel J. Candes和Terence Tao等提出来的，相关文献［100，101］在2006年发表，且被评为2008年IEEE信息理论学会论文奖。在文献［102］中，对压缩感知进行了相关论述。

压缩感知理论提出以来，相关的理论完善和实践应用迅速发展起来。压缩感知的应用领域十分广泛，包括雷达[103]、无线传感器网络[104]、图像采集[105]、医学图像处理[106]、无线定位[107]、无线通信的信道估计[108]、认知无线电的频谱感知[109]等领域。

压缩感知能够恢复以低于奈奎斯特速率采样的稀疏信号，压缩感知从诞生那一刻起，就引起了业界和学术界的极大关注，成为应用数学领域、数字信号处理领域和通信领域的研究热。可以解决对宽带信号进行采样时，现有ADC（模数变换器）采样率不够高的难题。

压缩感知的基本思想是：如果一个未知的信号在已知的正交基或者过完备的正交基（傅里叶变换基和小波基等）上是稀疏的，或者可压缩的，那么仅用少量线性、非自适应的随机测量值就可以精确地恢复出原始信号。

压缩感知理论的核心思想是将压缩与采样合并进行，首先采集信号的非自适应线性投影（测量值），然后根据相应重构算法由测量值重构原始信号。压缩感知的优点在于信号的投影测量数据量远远小于传统采样方法所获得的数据量，突破了传统采样定理的瓶颈，使得高分辨率信号的采集成为可能。

压缩感知理论主要包括信号的稀疏表示、编码测量和重构算法。信号的稀疏表示将信号投影到正交变换基时，绝大部分变换系数的绝对值很小，所得到的变换向量是稀疏或者近似稀疏的，可以将其看作原始信号的一种简化表述。这是压缩感知的先验条件，即信号必须在某种变换下可以稀疏表示。在编码测量中，首先选择稳定的投影矩阵，为了确保信号的线性投影能够保持信号的原始结构，投影矩阵必须能够满足约束等距性（restricted isometry property，RIP）条件，然后通过原始信号与测量矩阵的乘积获得原始信号的线性投影测量。最后，运用重构算法由测量值及投影矩阵重构原始信号。信号重构过程一般转换为一个最小范数L_0的优化问题。

压缩感知的核心是信号的稀疏表达、测量矩阵的稳定和恢复算法的设计三个方面。

（1）信号的稀疏表达。假定 X 是一个实数域 R^N 的一维有限长离散信号，是一个 $N \times 1$ 的向量，$x[n](n = 1, 2, \cdots, N)$。实数域内任意信号可以由一个 $N \times 1$ 向量的基 $\{\psi_i\}_{i=1}^N$ 生成。假定基是正交的，一个信号 $\boldsymbol{X}$ 可以表示为[28]

$$X = \sum_{i=1}^{N} s_i \psi_i \text{ 或 } \boldsymbol{X} = \psi \boldsymbol{S} \tag{5-25}$$

其中，$\boldsymbol{S}$ 是 $N \times 1$ 维的权重向量系数 $s_i \leqslant \boldsymbol{X}$，$\psi_i \geqslant \psi_i^{\mathrm{T}} \boldsymbol{X}$。$\boldsymbol{X}$ 和 $\boldsymbol{S}$ 都可以表示信号，$\boldsymbol{X}$ 是在时间或空间域，$\boldsymbol{S}$ 是在 ψ 域。

当式（5-25）中的 s_i 中只有 K 个权重系数不为 0，其余 $N - k$ 个权重系数为 0 时，信号 $\boldsymbol{X}$ 称为 K 阶稀疏。当 $K \ll N$ 时是主要关心的。当 s_i 中只有少量权重系数比较大，其余大部分权重系数很小时，称信号 $\boldsymbol{X}$ 是可压缩的。

传统的方法是信号通过采样然后再压缩。该方法存在以下三点弊端：①当 K 值很小时，采样值 N 的选取必须很大；②当 K 值很小时，权重系数 $\{s_i\}$ 必须全部计算；③大量的权重系数需要编码。

压缩感知理论解决了上述问题。

（2）测量矩阵的稳定。测量矩阵的稳定是指任何 K 阶稀疏和压缩信号在降维过程中显著信息不能被破坏。

测量矩阵 $\boldsymbol{\Phi}$ 必须能够使维度为 N 的信号 $\boldsymbol{X}$ 从维度 $M < N$ 的测量信号 $\boldsymbol{y}$ 中恢复。由于 $M < N$，这个要求显然很难达到，属于无穷解，然而，如果 $\boldsymbol{X}$ 是 K 阶稀疏，并且 $\boldsymbol{y}$ 与测量矩阵 $\boldsymbol{\Phi}$ 满足一定条件，则在 $M \geqslant N$ 的条件下，可以实现上述目标，充分必要条件为

$$1 - \varepsilon \leqslant \frac{\| \Theta \boldsymbol{y} \|_2}{\| \boldsymbol{y} \|_2} \leqslant 1 + \varepsilon \tag{5-26}$$

通常情况下，K 个非 0 系数在 S 中的位置是未知的。当对于任意 $3K$ 阶系数向量 y 满足式（5-26）时，K 阶稀疏和压缩信号都可以有稳定的解。这个条件就是所谓的约束等距性条件。一个相关的条件是，测量矩阵 $\boldsymbol{\Phi}$ 与稀疏表示的基 $\boldsymbol{\Psi}$ 不相关。选择 $\boldsymbol{\Phi}$ 为高斯随机矩阵时可以满足上述条件。高斯测量矩阵的优点在于它几乎与任意稀疏信号都不相关，因而所需的测量次数最小。但缺点是矩阵元素所需存储空间很大，并且由于其非结构化的本质导致其计算复杂。

（3）恢复算法的设计。信号重构的算法要利用向量 $\boldsymbol{y}$ 中的 M 个测量值、随机测量矩阵 $\boldsymbol{\Phi}$、正交基矩阵 $\boldsymbol{\Psi}$ 来恢复出 N 维的向量或它的等效系数向量 $\boldsymbol{s}$。因为 $M < N$，所以有无穷多个向量满足，这是由于若存在一个向量使得对

于任意一个向量满足即为核空间，因此信号重构算法就是要从维的变换核空间中寻找信号的稀疏向量。

为了更清晰地说明压缩感知理论中的信号恢复问题，首先定义信号的范数，即

$$\|\boldsymbol{s}\|_p = (\sum_i |s_i|^p)^{1/p} \tag{5-27}$$

下面分析三种恢复信号的方法。

1）最小 L_2 范数。关于这种类型的求逆问题的经典解法是求解式（5-28），并在变换的核空间中寻找一个具有最小 $\hat{s}$ 范数的向量 $\hat{\boldsymbol{s}}$，即

$$\hat{\boldsymbol{s}} = \arg\min \|s'\|_2,\ \text{s.t.}\ \boldsymbol{\Theta} s' = \boldsymbol{y} \tag{5-28}$$

其中，s. t. 是 subject to 的缩写，其后是最优的约束条件。

这个优化问题具有封闭解 $\hat{\boldsymbol{s}} = \boldsymbol{\Theta}^{\mathrm{T}}(\boldsymbol{\Theta}\boldsymbol{\Theta}^{\mathrm{T}})^{-1}\boldsymbol{y}$，但是 L_2 范数最小却无法找到一个 K 阶稀疏的解，它所得到的解是有很多非零元素的非稀疏解。

2）最小 L_0 范数。由于 L_2 范数测量的是信号的能量而不是稀疏性，因此考虑采用计量非零项数目的 L_0 范数来作为优化目标，修正的优化问题为

$$\hat{\boldsymbol{s}} = \arg\min \|s'\|_0,\ \text{s.t.}\ \boldsymbol{\Theta} s' = \boldsymbol{y} \tag{5-29}$$

这个优化目标可以采用 $M = K + 1$ 个独立高斯随机变量以高概率恢复出信号 x，但是这却是一个 NP 完全问题，需要穷举所有的 C_N^K 种仅包含 K 个非零项目组合的向量 $\boldsymbol{s}$，是一个组合复杂度问题。

3）最小 L_1 范数。

$$\hat{\boldsymbol{s}} = \arg\min \|s'\|_1,\ s.t.\ \boldsymbol{\Theta} s' = \boldsymbol{y} \tag{5-30}$$

基于 L_1 范数的最优化问题可以精确地恢复出 K 阶稀疏的信号，并且可以使用 $M \geqslant K\log_2(N/K)$ 个独立同分布的高斯测量来近似地恢复信号。这是一个凸优化问题，可以简化为一个线性规划问题，其复杂度大约为 $O(N^3)$，最小 L_1 范数的恢复方法通常被称为基追踪（basis pursuit，BP）算法。

压缩感知主要的重构算法有以下几种。

1）OMP 算法。OMP 算法的最大优点是速度快和易于执行。

OMP 算法的描述如下[123]。

输入参数：包括 $M \times N$ 的测量矩阵 $\boldsymbol{\Theta}$；$M \times 1$ 测量向量 $\boldsymbol{y}$，信号 $\boldsymbol{s}$ 的稀疏度K。

输出参数：包括稀疏信号 s 的估计值 $\hat{s}$；包含 K 个非零元素位置的集合 Λ_t。

OMP 算法步骤如下。

① 初始化：设残差向量 $r_0 = \boldsymbol{y}$，集合 $\Lambda_0 = \boldsymbol{\phi}$，迭代计数器 $t = 1$。

② 计算下标 λ_t，其中 $\lambda_t = \arg \max_{j=1,\cdots,N} |\langle r_{t-1}, \theta_j \rangle|$。

③ 增加下标集和对应的列构成的矩阵：$\Lambda_t = \Lambda_{t-1} \cup \{\lambda_t\}$ 与 $\Theta_t = [\Theta_{t-1}\theta_{\lambda_t}]$，其中 Θ_0 是一个空矩阵。

④ 求解如下最小二乘问题，以获得信号的估计值 $s_t = \arg \min_s \|y - \Theta_t s\|_2$。

⑤ 计算测量向量的估计值，$a_t = \Theta_t s_t$，并更新残差 $r_t = y - a_t$。

⑥ $t = t + 1$，如果 $t < K$，则返回步骤②。

⑦ 在下标集 Λ_t 中的元素是估计信号 $\hat{s}$ 非零元素的下标，并且 $\hat{s}$ 中第 λ_j 个元素的值等于 s_t 中第 j 个元素的值。

值得注意，残差 r_t 与矩阵 Θ_t 中的列总是正交的，步骤④中的解 s_t 也总是唯一的，算法的运行时间主要由步骤②决定，其总成本为 $O(KMN)$，而在第 t 次迭代中计算最小二乘的边际成本是 $O(tM)$。

用 Matlab 实现 OMP 算法的代码如下。[100]

```
% 压缩感知的实现（OMP 算法）
% 当测量数 M ≥ Klog2(N/K)(K 是稀疏度，N 是信号长度)，可以近乎完全重构
Clc; clear;
% 1. 时域测试信号生成
K=8;        % 稀疏度
N=256;      % 信号长度
M=64;       % 测量数（按照 M ≥ Klog2(N/K)，M 至少 40，但有出错的概率）
f1=100; f2=200; f3=300; f4=400; % 信号频率
fs=800;     % 采样频率
ts=1/fs;    % 采样间隔
Ts=1:N; % 采样序列
x=0.3*sin (2*pi*f1*Ts*ts) +0.6*sin (2*pi*f2*Ts*ts)
  +0.1*sin (2*pi*f3*Ts*ts) +0.9*sin (2*pi*f4*Ts*ts)
% 完整信号
% 2. 时域信号压缩传感
Phi=randn (M, N);    %测量矩阵（高斯分布）
s=phi*x.';     %获得线性测量
% 3. 正交匹配追踪法重构信号
```

```
m=2*K;        % 算法迭代次数（m ≥ K）
Psi=fft（eye（M，N））/sqr（N）；  %傅里叶正变换矩阵
T=phi*psi；%恢复矩阵（测量矩阵*正交反变换矩阵）
hat_y=zeros（1，N）；  %待重构的谱域（变换域）向量
Aug_t=［］；   % 增量矩阵（初始值为空矩阵）
r_n=s；    % 残差
for times=1：m；    % 迭代次数
  for col=1：N；    %恢复矩阵的所有列向量
  product（col）= abs（T（：，col）'*r_n）；
%恢复矩阵的列向量和残差的投影稀数（内积值）
End
［val，pos］=max（product）；
% 最大投影系数对应的位置（找每列最大数，并标识所处行号）
Aug_t=［Aug_t，T（：，pos）］；   % 矩阵扩充
T（：，pos）=zeros（M，1）；   % 选中的列置零
aug_y =（Aug_t'*Aug_t）^（-1）*Aug_t'*s；
%最小二乘，使残差最小
r_n =s-Aug_t*aug_y；   % 残差
pos_array（times）=pos；   记录最大投影系数的位置
End
hat_y（Pos_array）=aug_y；   % 重构的谱域向量
hat_x =real（psi*ht_y.'）；   % 做逆傅里叶变换重构得到时域信号
% 4. 恢复信号和原始信号对比
Figure（1）；
Hold on；
Plot（hat_x,'k.-'）   %恢复信号
Plot（x,'k'）   %原始信号
Legend（'Recovery','Original'）
Norm（hat_x.'_x）/norm（x）   %恢复误差
```

2）BP 算法。基于 linprog 的基追踪 Matlab 代码（BP_linprog. m）如下。

```
Function [alpha] =BP-linpog (s, phi)
% BP_linprog (Basis Pursuit with linprog) summary of the function goes here
% Version 1.0 written by jbb0523@2016-07-21
% Reference: Chen s s, Donoho D L, Saunder m a. Atomic decomposition by
% basis pursuit [J]. SIAM review, 2001, 43 (1): 29-159.
% Detailed explanation goes here
% s=phi * alpha (alpha is a sparse vector)
% Given s & phi, try to derive alpha
[s_rows, s_colums] =size (s);
If s_rows<s_colums
S=s';        % s should be a colum vector
End
P=size (phi, 2);
% according to section 3.1 of the reference
C=ones (2 * p, 1);
A= [phi, -phi];
B=s;
1b=zeros (2 * p, 1);
X0=linprog (c, [], [], A, b, 1b);
Alpha=x0 (1: p) -x0 (p+1, 2 * p);
End
```

3）MP 算法。作为一类贪婪算法，MP 算法的基本思路是在迭代中不断找寻最有测量矩阵列来逼近被表示向量，继而寻得最优的稀疏逼近，使得 x 与 y 的残差最小。对于这个算法，最直观的问题有两个：①如何选择逼近度最高的——如何衡量逼近度，算法如何执行（比如遍历）？②x 的稀疏度由迭代次数决定，而逼近度（最终残差）也与迭代次数有关，这是一个两难问题，如何做权衡？在回答以上两个问题之前，我们先给出 MP 算法的具体过程。

① y 与字典 A 各列 a_1，a_2，…，a_n 做内积，取绝对值最大的 a_i 为匹配度最高的列

$$y = \langle y, x_{ro} \rangle * x_{ro} + R_{1f} \tag{5-31}$$

注意：选择内积最大作为匹配度的衡量是因为在字典 A 各列归一化的前提下，内积越大，y 在其上的投影长度越大，即逼近程度越高。

② 对第 k 次迭代的残差 R_{kf} 进行上述步骤，直到 K 步迭代结束，得到

$$y = \sum_{k=0}^{k=1} \langle R_{k,f}, x_{rk} \rangle * x_{rk} + R_{k+1,f} \tag{5-32}$$

算法执行时，令 $y = R_{of}$ 即可。

已知：被表示的信号为 $y \in R^n$，测量矩阵（measurement matrix）A = (span)$\{a_1, a_2, \cdots, a_n\} \in R^{n \times K}$，各基向量（原子）个数为 $K >> n$。

模型：

$$Y = Ax \tag{5-33}$$

目标：稀疏向量 $X \in R^k$。

用 Matlab 实现 MP 算法的示例代码如下。

```
Clear all
Close all
%
A=[1      0.5      -1/2^0.5;
   0   (3/4)^0.5   -1/2^0.5];
y=[1 0.5]';
k = 3;
% interation
Rf(:, 1) = y;
    for i=1: n
      ip(i) = abs(Rf (:, k)' * (:, i) );
    end
    j(k) = find(max(ip) = =ip);
    Rf(:, k+1) =Rf(:, k) -Rf(:, k) *A (:, j(k)) *A (:, j (k));

    Rfnorm=norm(Rf (:, k));
    End
    R= [A(:, j(1)), A(:, J(2)), A(:, J(3));
    r1=R(:, 1);
    r2=R(:, 2);
    r3=R(:, 3);
    figure, quiver (0, 0, y(1), y(2),'r');
    hold, quiver (0, 0, r1(1), r2(2),'b');
```

```
quiver (0, 0, r2(1), r2(2),'b');
quiver (0, 0, r3(1), r3(2),'b');
display (norm(Rf(:, k+1)));
```

5.5.2 稀疏阶估计向量模型

1. 单测量向量模型

考虑一个一维的连续时间信号 $x(t)$，经过傅里叶变换，$x(t) \rightarrow X(\omega)$，$X \in R^n$ 是一个长度为 n 有 K 个非零元素的 K 稀疏信号，其中，$K \ll n$。用一系列感知矩阵测量稀疏信号，感知矩阵的表达式为 $\boldsymbol{\Phi}$: $m \times n(m = cK \cdot \log_2(n/K) \ll n)$，这里，$c$ 是一个过测量参数，于是有 $m \times 1$ 测量向量 $\boldsymbol{Y}$[110]：

$$\boldsymbol{Y} = \boldsymbol{\Phi X} \tag{5-34}$$

2. 多测量向量模型

对上述的稀疏信号 $\boldsymbol{X}$，瞬间的几次快照，即可得到一组多测量向量，为了研究问题的方便，假定研究的多测量向量是无噪声的多测量向量，则多测量向量可表示为下列欠定系统方程

$$\boldsymbol{A X}^{(l)} = \boldsymbol{Y}^{(l)},\ l = 1,\ \cdots,\ L \tag{5-35}$$

其中，$\boldsymbol{A} \in R^{m \times n}$，$m < n$，在大多数情况下，$L < m$，$\boldsymbol{Y}^{(l)} \in R^m$，$l = 1, 2, \cdots, L$，其中，$L$ 是测量向量的数量，$\boldsymbol{X}^{(l)} \in R^m$ 为对应的源向量[111]。

5.5.3 卡尔曼滤波的稀疏阶估计

1. 单测量向量的稀疏阶估计

根据稀疏阶估计的概念和单测量向量的数学模型，单测量向量的观测方程为

$$\boldsymbol{y}(k) = \boldsymbol{H} \| \boldsymbol{X}(k) \|_0 + \boldsymbol{V}(k) \tag{5-36}$$

其中，$\boldsymbol{y}(k)$ 是稀疏信号 $\boldsymbol{X}$ 在 k 时刻的观测值，$\| \boldsymbol{X}(k) \|_0$ 是稀疏向量 $\boldsymbol{X}$ 在 k 时刻的稀疏阶。$\boldsymbol{V}(k)$ 是 k 时刻的观测噪声，且 $\boldsymbol{E}\{\boldsymbol{V}(k)\boldsymbol{V}^H(k)\} = \boldsymbol{R}$。$H$ 是系统参数，对多测量向量系统，$\boldsymbol{H}$ 是一个观测矩阵。

假定研究的稀疏信号是动态缓慢变化的，可以认为稀疏信号是由一系列时不变状态构成的，从目标追踪的观点看，稀疏信号 $\boldsymbol{X}$ 的物理意义是状态向量的一个休息点[110]，即

$$\boldsymbol{X}(k) = \boldsymbol{X}(k-1) \tag{5-37}$$

单测量向量的状态方程：

$$\| \boldsymbol{X}(k) \|_0 = \| \boldsymbol{X}(k-1) \|_0 \tag{5-38}$$

单测量向量完整的标准状态方程：

$$\| \boldsymbol{X}(k) \|_0 = \boldsymbol{A} \| \boldsymbol{X}(k-1) \|_0 + \boldsymbol{W}(k-1) \tag{5-39}$$

其中，$\boldsymbol{W}(k-1)$ 是过程噪声，且 $\boldsymbol{E}\{\boldsymbol{W}(k)\boldsymbol{W}^H(k)\} = \boldsymbol{Q}$。$\boldsymbol{A}$ 是系统参数，对多测量向量系统，$\boldsymbol{A}$ 是一个状态转换矩阵。

建立了稀疏信号的观测方程和状态方程，卡尔曼滤波方程集如下。

单测量向量的稀疏阶估计方程：

$$\| \hat{\boldsymbol{X}}(k) \|_0 = \| \hat{\boldsymbol{X}}(k-1) \|_0 + \boldsymbol{K}(k)[\boldsymbol{y} - \boldsymbol{H} \| \hat{\boldsymbol{X}}(k-1) \|_0] \tag{5-40}$$

其中，$\| \hat{\boldsymbol{X}}(k) \|_0$ 是稀疏信号 $\boldsymbol{X}$ 在 k 时刻的稀疏阶估计值，$\boldsymbol{K}(k)$ 是单测量向量的滤波器增益。

单测量向量的滤波器增益：

$$\boldsymbol{K}(k) = \boldsymbol{P}(k|k-1)\boldsymbol{H}^{\mathrm{T}}[\boldsymbol{H}\boldsymbol{P}(k|k-1)\boldsymbol{H}^{\mathrm{T}} + \boldsymbol{R}]^{-1} \tag{5-41}$$

单测量向量一步预估均方误差：

$$\boldsymbol{P}(k|k-1) = \boldsymbol{P}(k-1) \tag{5-42}$$

单测量向量滤波器的均方误差：

$$\boldsymbol{P}(k) = [\boldsymbol{I} - \boldsymbol{K}(k)\boldsymbol{H}]\boldsymbol{P}(k|k-1) \tag{5-43}$$

输入原始稀疏信号的稀疏阶估计值，根据卡尔曼滤波方程式（5-40）~式（5-43），基于最小均方误差准则，得到稀疏信号的稀疏阶估计值[110]。

单测量向量基于卡尔曼滤波的稀疏阶估计算法如下。

输入：预先设定值 k_{pre}，单测量向量观测序列 $y = \{y(1), \cdots, y(k), \cdots, y(k_{\mathrm{pre}})\}$，$k = 1, 2, \cdots, k_{\mathrm{pre}}$。

输出：稀疏信号的稀疏阶估计值 $\| \hat{X}(k_{\mathrm{pre}}) \|_0$。

初始化参数：

稀疏信号的稀疏阶估计值的均方误差 $\boldsymbol{P}(0)$；

稀疏信号的稀疏阶估计值的初始值 $\| \hat{\boldsymbol{X}}(0) \|$。

单测量向量状态转换矩阵 $\boldsymbol{A}$；

单测量向量观测矩阵 $\boldsymbol{H}$；

过程噪声相关矩阵 $\boldsymbol{E}\{\boldsymbol{W}(k)\boldsymbol{W}^H(k)\} = \boldsymbol{Q}$；

观测噪声相关矩阵 $\boldsymbol{E}\{\boldsymbol{V}(k)\boldsymbol{V}^H(k)\} = \boldsymbol{R}$。

卡尔曼滤波稀疏信号的稀疏阶估计过程：

for $k = 1 \rightarrow k_{\mathrm{pre}}$　do

$\boldsymbol{P}(k \mid k-1) = \boldsymbol{P}(k-1)$

$$\boldsymbol{K}(k) = \boldsymbol{P}(k \mid k-1)\boldsymbol{H}^{\mathrm{T}}[\boldsymbol{HP}(k \mid k-1)\boldsymbol{H}^{\mathrm{T}} + \boldsymbol{R}]^{-1}$$

$$\| \hat{\boldsymbol{X}}(k) \|_0 = \| \hat{\boldsymbol{X}}(k-1) \|_0 + \boldsymbol{K}(k)[\boldsymbol{y} - \boldsymbol{H} \| \hat{\boldsymbol{X}}(k-1) \|_0]$$

$$\boldsymbol{P}(k) = [\boldsymbol{I} - \boldsymbol{K}(k)\boldsymbol{H}]\boldsymbol{P}(k \mid k-1)$$

end for

输出：信号的稀疏阶估计值 $\| \hat{\boldsymbol{X}}(k_{\mathrm{pre}}) \|_0$。

在单测量向量卡尔曼滤波的稀疏阶估计算法中，根据单测量向量模型，一个时域信号经过傅里叶变换，变换到频域，变成了一个稀疏信号，通过频谱分析仪，我们就能观测到信号的稀疏阶，即信号非零向量的个数，也就是向量范数。这样观测方程就建立了，频谱感知考察的信号是一个缓慢变化的过程，可以认为 $\boldsymbol{X}(k) = \boldsymbol{X}(k-1)$ ，这样状态就方程建立上。有了观测方程和状态方程，就可以根据卡尔曼滤波递推方程进行估计了。建立客观的符合实际的系统方程是卡尔曼滤波的基础。卡尔曼滤波的误差准则是估计误差的均方值最小，最后，就可以得到单测量向量的稀疏阶估计值。

2. 多测量向量的稀疏阶估计

根据稀疏阶估计的概念和多测量向量数学模型，多测量向量的观测方程为

$$\begin{bmatrix} y_1(k) \\ y_2(k) \\ \vdots \\ y_L(k) \end{bmatrix} = \boldsymbol{H} \begin{bmatrix} \| X_1(k) \|_0 \\ \| X_2(k) \|_0 \\ \vdots \\ \| X_L(k) \|_0 \end{bmatrix} \begin{bmatrix} V_1(k) \\ V_2(k) \\ \vdots \\ V_L(k) \end{bmatrix} \tag{5-44}$$

其中，$[y_1(k), y_2(k), \cdots, y_L(k)]^{\mathrm{T}}$ 是稀疏多测量向量 k 时刻的观测向量，$[\| X_1(k) \|_0, \| X_2(k) \|_0, \cdots, \| X_L(k) \|_0]^{\mathrm{T}}$ 是 k 时刻的稀疏阶向量，$[V_1(k), V_2(k), \cdots, V_L(k)]^{\mathrm{T}}$ 是 k 时刻的测量噪声向量，$\boldsymbol{H}$ 是状态转移矩阵。

类似地，对多测量向量，假定研究的稀疏信号是动态缓慢变化的，可以认为稀疏信号是由一系列时不变状态构成的，从目标追踪的观点看，稀疏信号 $\boldsymbol{X}$ 的物理意义是状态向量的一个休息点[110]，即

$$\begin{bmatrix} X_1(k) \\ X_2(k) \\ \vdots \\ X_L(k) \end{bmatrix} = \begin{bmatrix} X_1(k-1) \\ X_2(k-1) \\ \vdots \\ X_L(k-1) \end{bmatrix} \tag{5-45}$$

多测量向量的状态方程：

$$\begin{bmatrix} \| X_1(k) \|_0 \\ \| X_2(k) \|_0 \\ \vdots \\ \| X_L(k) \|_0 \end{bmatrix} = \begin{bmatrix} \| X_1(k-1) \|_0 \\ \| X_2(k-1) \|_0 \\ \vdots \\ \| X_L(k-1) \|_0 \end{bmatrix} \tag{5-46}$$

多测量向量完整的标准状态方程：

$$\begin{bmatrix} \| X_1(k) \|_0 \\ \| X_2(k) \|_0 \\ \vdots \\ \| X_L(k) \|_0 \end{bmatrix} = \boldsymbol{A} \begin{bmatrix} \| X_1(k-1) \|_0 \\ \| X_2(k-1) \|_0 \\ \vdots \\ \| X_L(k-1) \|_0 \end{bmatrix} + \begin{bmatrix} W_1(k-1) \\ W_2(k-1) \\ \vdots \\ W_L(k-1) \end{bmatrix} \tag{5-47}$$

其中，$[W_1(k-1),\ W_2(k-1),\ \cdots,\ W_L(k-1)]^{\mathrm{T}}$ 是测量噪声向量，$\boldsymbol{A}$ 是状态转移矩阵。

多测量向量的稀疏阶估计方程：

$$\begin{bmatrix} \| \hat{X}_1(k) \|_0 \\ \| \hat{X}_2(k) \|_0 \\ \vdots \\ \| \hat{X}_L(k) \|_0 \end{bmatrix} = \begin{bmatrix} \| \hat{X}_1(k-1) \|_0 \\ \| \hat{X}_2(k-1) \|_0 \\ \vdots \\ \| \hat{X}_L(k-1) \|_0 \end{bmatrix} + \boldsymbol{K}(k) \left\{ \begin{bmatrix} y_1(k) \\ y_2(k) \\ \vdots \\ y_l(k) \end{bmatrix} - \boldsymbol{H} \begin{bmatrix} \| \hat{X}_1(k-1) \|_0 \\ \| \hat{X}_2(k-1) \|_0 \\ \vdots \\ \| \hat{X}_L(k-1) \|_0 \end{bmatrix} \right\} \tag{5-48}$$

测量向量的滤波器增益方程：

$$\boldsymbol{K}(k) = \boldsymbol{P}(k \mid k-1) \boldsymbol{H}^{\mathrm{T}} [\boldsymbol{H}\boldsymbol{P}(k \mid k-1) \boldsymbol{H}^{\mathrm{T}} + \boldsymbol{R}]^{-1} \tag{5-49}$$

多测量向量一步预估均方误差：

$$\boldsymbol{P}(k \mid k-1) = \boldsymbol{P}(k-1) \tag{5-50}$$

多测量向量滤波器的均方误差：

$$\boldsymbol{P}(k) = [\boldsymbol{I} - \boldsymbol{K}(k)\boldsymbol{H}] \boldsymbol{P}(k \mid k-1) \tag{5-51}$$

输入原始稀疏信号的稀疏阶估计值，根据卡尔曼滤波方程式（5-48）~式（5-51），基于最小均方误差准则，得到稀疏信号的稀疏阶估计值。

多测量向量基于卡尔曼滤波的稀疏阶估计算法如下。

输入：预先设定值 k_{pre} 多测量向量观测矩阵

$$\boldsymbol{y}=\left\{\begin{bmatrix}y_1(1)\\y_2(1)\\\vdots\\y_L(1)\end{bmatrix},\cdots,\begin{bmatrix}y_1(k)\\y_2(k)\\\vdots\\y_L(k)\end{bmatrix},\cdots,\begin{bmatrix}y_1(k_{\mathrm{pre}})\\y_2(k_{\mathrm{pre}})\\\vdots\\y_L(k_{\mathrm{pre}})\end{bmatrix}\right\},\ k=1,2,\cdots,k_{\mathrm{pre}}。$$

输出：稀疏信号的稀疏阶估计值，$[\|X_1(k_{\mathrm{pre}})\|_0,\|X_2(k_{\mathrm{pre}})\|_0,\cdots,\|X_L(k_{\mathrm{pre}})\|_0]^{\mathrm{T}}$。

初始化参数：

稀疏信号的稀疏阶估计值的均方误差：$[P(0)]=[P_1(0),P_2(0),\cdots,P_L(0)]^{\mathrm{T}}$，其中，$P_1(0)=P_2(0)=\cdots=P_L(0)$；

稀疏信号的稀疏阶估计值的初始值：$[\|X(0)\|_0]=[\|X_1(0)\|_0,\|X_2(0)\|_0,\cdots,\|X_L(0)\|_0]^{\mathrm{T}}$，其中，$\|X_1(0)\|_0=\|X_2(0)\|_0=\cdots=\|X_L(0)\|_0$；

多测量向量状态转换矩阵：

$$\boldsymbol{A}=\begin{bmatrix}A_1&0&0&0\\0&A_2&0&0\\0&0&\ddots&0\\0&0&0&A_L\end{bmatrix}$$

其中，$A_1=A_2=\cdots A_L$；

多测量向量观测矩阵：

$$\boldsymbol{H}=\begin{bmatrix}H_1&0&0&0\\0&H_2&0&0\\0&0&\ddots&0\\0&0&0&H_L\end{bmatrix}$$

其中，$H_1=H_2=\cdots=H_L$；

过程噪声相关矩阵：$\boldsymbol{Q}=[Q_1,Q_2,\cdots,Q_L]^{\mathrm{T}}$，其中，$Q_1=Q_2=\cdots=Q_L$；

观测噪声相关矩阵：$\boldsymbol{R}=[R_1,R_2,\cdots,R_L]^{\mathrm{T}}$，其中，$R_1=R_2=\cdots=R_L$。

卡尔曼滤波信号的稀疏阶估计过程：

for $k=1\rightarrow k_{\mathrm{pre}}$ do

$\boldsymbol{P}(k|k-1)=\boldsymbol{P}(k-1)$；

$\boldsymbol{K}(k)=\boldsymbol{P}(k|k-1)\boldsymbol{H}^{\mathrm{T}}[\boldsymbol{HP}(k|k-1)\boldsymbol{H}^{\mathrm{T}}+\boldsymbol{R}]^{-1}$；

$$\begin{bmatrix} \| \hat{X}_1(k) \|_0 \\ \| \hat{X}_2(k) \|_0 \\ \vdots \\ \| \hat{X}_L(k) \|_0 \end{bmatrix} = \begin{bmatrix} \| \hat{X}_1(k-1) \|_0 \\ \| \hat{X}_2(k-1) \|_0 \\ \vdots \\ \| \hat{X}_L(k-1) \|_0 \end{bmatrix} + \boldsymbol{K}(k) \left\{ \begin{bmatrix} y_1(k) \\ y_2(k) \\ \vdots \\ y_l(k) \end{bmatrix} - \boldsymbol{H} \begin{bmatrix} \| \hat{X}_1(k-1) \|_0 \\ \| \hat{X}_2(k-1) \|_0 \\ \vdots \\ \| \hat{X}_L(k-1) \|_0 \end{bmatrix} \right\};$$

$\boldsymbol{P}(k) = [\boldsymbol{I} - \boldsymbol{K}(k)\boldsymbol{H}]\boldsymbol{P}(k \mid k-1)$;

end for

输出：稀疏信号的稀疏阶估计值 $[\| X_1(k_{\text{pre}}) \|_0, \| X_2(k_{\text{pre}}) \|_0, \cdots, \| X_L(k_{\text{pre}}) \|_0]^{\mathrm{T}}$。

在多测量向量基于卡尔曼滤波的稀疏阶估计算法中，根据多测量向量模型，一个时域信号经过傅里叶变换，变换到频域，变成了一个稀疏信号，通过频谱分析仪，我们就能观测到稀疏信号的稀疏阶，即信号非零向量的个数，也就是向量范数，这样观测方程就建立。频谱感知考察的信号是一个缓慢变化的过程，可以认为信号状态方程为式（5-36），这样状态方程建立。有了观测方程和状态方程，再加上稀疏信号的稀疏阶初始值，就可以根据卡尔曼滤波递推方程进行估计了，最后得到多测量向量的稀疏阶估计值。

3. 稀疏信号的稀疏阶估计的意义

在压缩感知理论中，已有多种信号重构算法，如梯度投影法（gradient projection，GP）[112]、基追踪法[113]和匹配追踪法（matching pursuit，MP）[114]等，而匹配追踪类算法应用最为广泛，具有代表性的有正交匹配追踪法（orthogonal matching pursuit，OMP）[115]、正则化正交匹配追踪法（regularized orthogonal matching pursuit，ROMP）等[116,117]，上述算法都要求已知信号的稀疏度，然而实际应用中信号的稀疏度是未知的，并且是时变的。

稀疏信号的稀疏阶可靠地估计，稀疏信号才能低成本地、可靠地重构，为频谱检测奠定基础。如果低估信号稀疏阶 K，将会消除信号精确恢复的能力，如果高估信号稀疏阶 K，将会降低恢复信号的准确性和鲁棒性。

在文献[118]中，作者提出了一个信号恢复算法：稀疏自适应匹配追踪（sparsity adaptive matching pursuit，SAMP）。在文献[100]中，在算法 SAMP 的基础上，作者提出了一个新的信号恢复算法：卡尔曼滤波稀疏自适应匹配追踪（sparsity adaptive matching pursuit with Kalman filtering，KF-SAMP）。从实验结果可以看出，随着信号稀疏程度的增加，信号重构的平均相对误差增大。在相同的信噪比条件下，KF-SAMP 的重构误差在所有信号恢复算法中都是最小的，特别是跟 SAMP 恢复算法相比，信号恢复性能有了显著的改善。具体如

图 5-17~图 5-21 所示。因此，精确地估计稀疏信号的稀疏阶有重大的理论意义和现实意义。

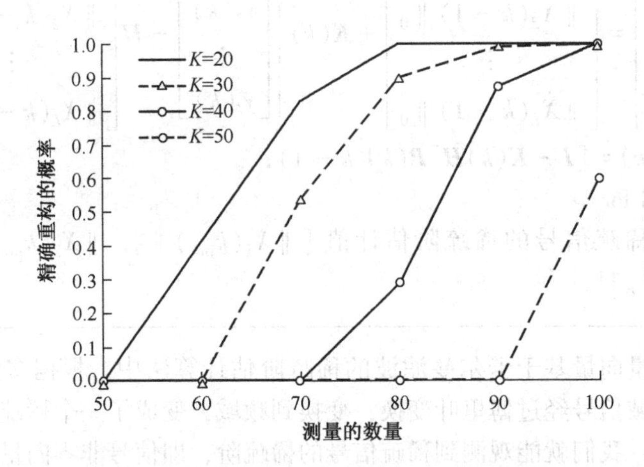

图 5-17　SP 算法中信号精确重构的概率与信号稀疏阶估计的性能曲线

x 是一个均匀的高斯随机稀疏信号，长度为 $N=265$，稀疏阶为 $K=20$。图 5-17 显示了曲线精确恢复的概率与稀疏阶的估计。可以清楚地看到如果估计的稀疏性 K 远离信号的实际稀疏阶，子空间追踪（subspace pursuit，SP）算法的性能下降很快，所以说精确估计稀疏信号的稀疏阶有重大的理论意义和现实意义。

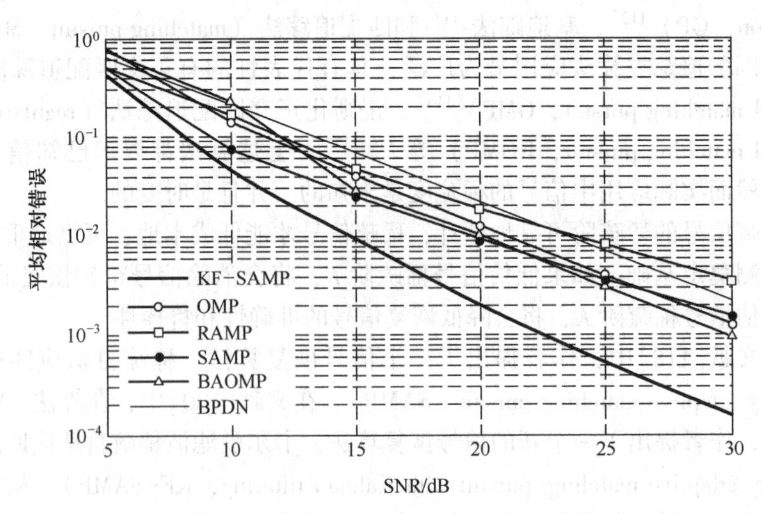

图 5-18　平均相对错误对信噪比变化曲线，稀疏阶 $K=10$[110]

在文献［110］中，作者研究了卡尔曼滤波稀疏自适应匹配追踪，为了便于对比，KF-SAMP 和其他算法比较仿真结果如下。

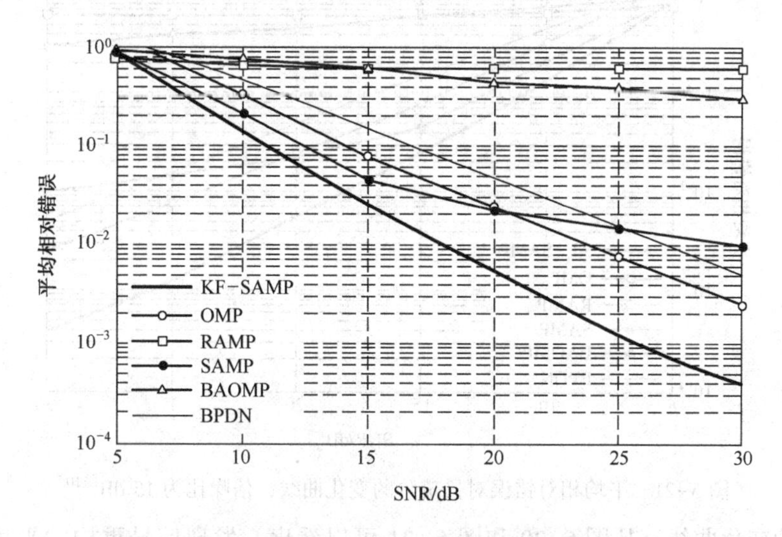

图 5-19　平均相对错误对信噪比变化曲线，稀疏阶 $K=35$[110]

图 5-18 和图 5-19 显示的是在不同的稀疏阶的情况下，平均相对错误随信噪比的变化曲线，从图 5-18 和图 5-19 中可以看出，KF-SAMP 方法比其他方法要好得多，甚至包括 BPDN 方法。在同一下条件下，KF-SAMP 的平均相对误差最小，换句话说，抗噪性能最佳。

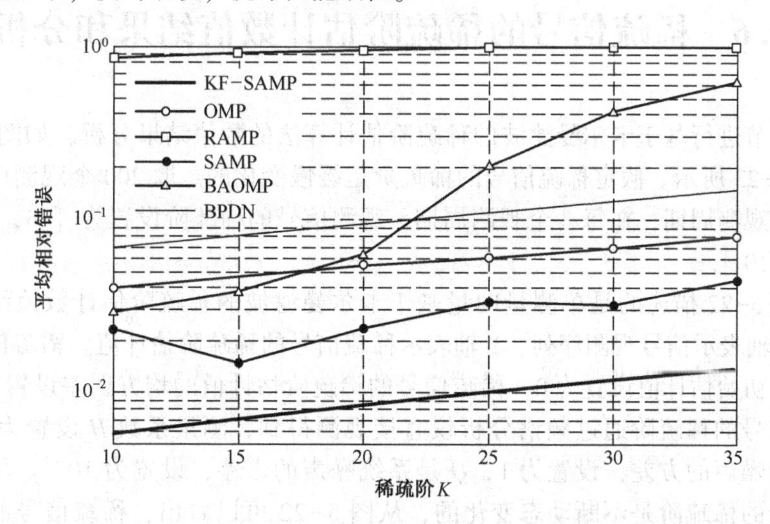

图 5-20　SP 平均相对错误对稀疏阶的变化曲线，信噪比为 15 dB[110]

图 5-20 和图 5-21 显示的是在不同的信噪比条件下，平均相对错误对稀

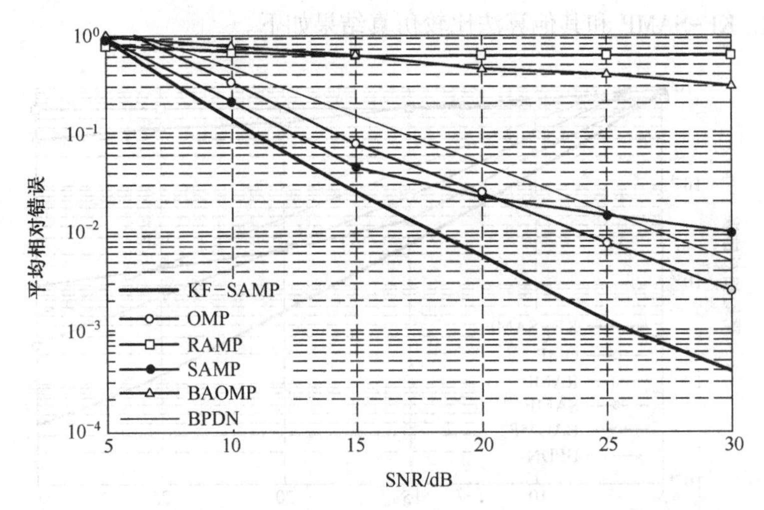

图 5-21 平均相对错误对稀疏阶的变化曲线，信噪比为 15 dB[110]

疏阶的变化曲线，从图 5-20 和图 5-21 可以看出，发现信号重构的平均相对误差会随着信号的稀疏阶的增长而增加，不论稀疏度是多少，高 SNR 和低 SNR 条件下 KF-SAMP 重构的相对误差最小，KF-SAMP 方法提供最佳的重建性能。

5.6 稀疏信号的稀疏阶估计数值结果和分析

本节进行基于卡尔曼滤波的稀疏阶估计算法的数值结果分析，如图 5-22 和图 5-23 所示。假定稀疏信号的稀疏阶是缓慢变化的。取 200 个观测序列作为一个观测周期，在每一个观测周期，观测信号的稀疏阶设置为［5，7，9，6，8，10］。

图 5-22 描述的是单测量向量基于卡尔曼滤波的稀疏阶估计数值结果分析。X 轴表示信号观测序列，Y 轴表示稀疏信号的稀疏阶估计值。稀疏信号的稀疏阶初始估计值设置为 0，稀疏信号的稀疏阶估计值的均方误差设置为 10。稀疏信号的稀疏阶通过频谱分析仪直接观测得到，测量系数 H 设置为 1，R 是测量噪声的方差，设置为 1，Q 是系统噪声的方差，设置为 10^{-9}。尽管稀疏信号的稀疏阶是不断动态变化的，从图 5-22 可以看出，稀疏信号的稀疏阶被可靠地估计，表明所提出的基于卡尔曼滤波的稀疏阶估计算法的鲁棒性很强。

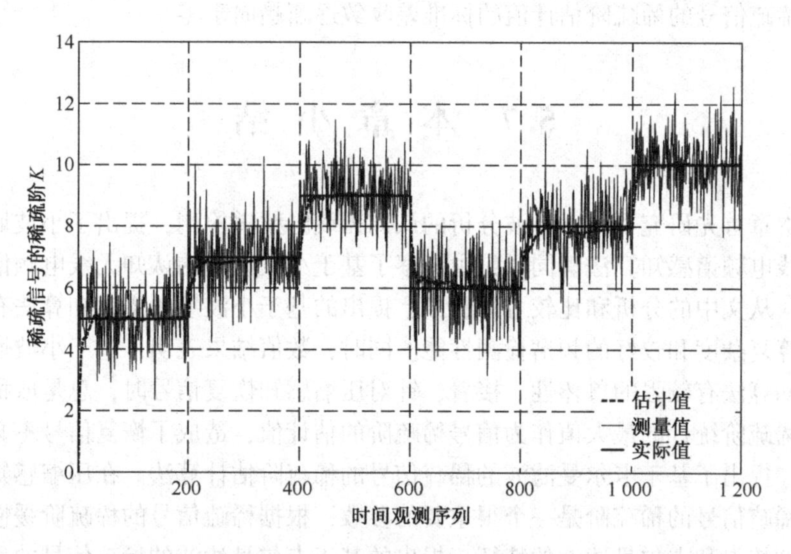

图 5-22　单测量向量基于卡尔曼滤波的稀疏阶估计数值结果分析

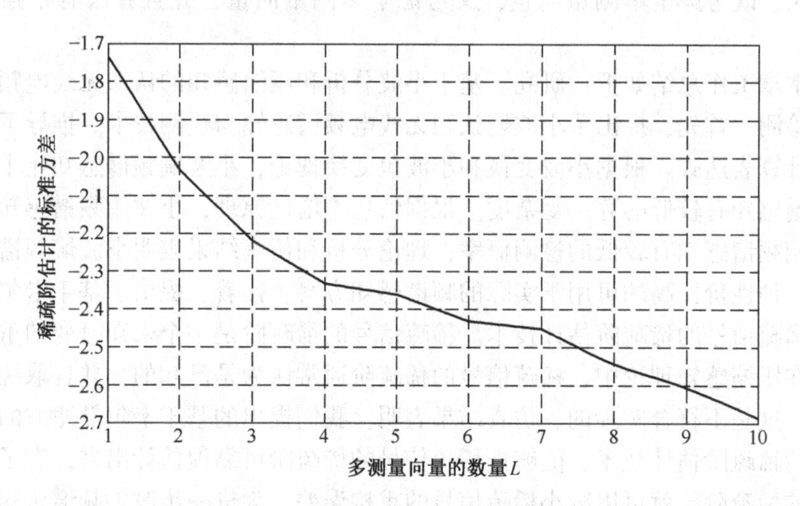

图 5-23　多测量向量基于卡尔曼滤波的稀疏阶估计值均方误差数值结果分析

图 5-23 描述的是多测量向量基于卡尔曼滤波的稀疏阶估计值均方误差数值结果分析。X 轴表示多测量向量数量 L，Y 轴表示稀疏信号的稀疏阶估计值标准方差。稀疏信号的稀疏阶初始值设 $[\|X_1(0)\|_0, \|X_2(0)\|_0, \cdots, \|X_L(0)\|_0]^{\mathrm{T}}=[0, 0, \cdots, 0]^{\mathrm{T}}$，稀疏信号的稀疏阶估计值均方误差设置为 $[P_1(0), P_2(0), \cdots, P_l(0)]^{\mathrm{T}}=[10, 10, \cdots, 10]^{\mathrm{T}}$，状态转移矩阵 $\boldsymbol{A}$ 和观测矩阵 $\boldsymbol{H}$ 都设置为单位矩阵。从图 5-23 可以看出，随着多测量向量数量的增

加，稀疏信号的稀疏阶估计值的标准差收敛逐渐趋向于零。

5.7 本 章 小 结

本章首先研究了基于小波分析的认知无线电频谱检测，提出了小波熵的认知无线电频谱感知算法。同时，也考察了基于小波包熵的认知无线电频谱感知算法。从文中的分析和比较可以看出，提出的基于小波熵频谱感知算法有较低的计算复杂度和较好的频谱检测性能。同时，数值结果表明，基于小波熵的频谱感知算法有较强的鲁棒性。接着，针对压缩感知恢复信号时，总是取稀疏信号的稀疏阶统计的最大值作为信号稀疏阶的估计值，造成了恢复信号不必要的浪费，提出了基于卡尔曼滤波的稀疏信号的稀疏阶估计算法。在压缩感知理论中，稀疏信号的稀疏阶是一个很重要的参数，根据稀疏信号的稀疏阶缓慢动态变化的特点和卡尔曼滤波的特征，提出的基于卡尔曼滤波的稀疏信号的稀疏阶的算法，既考虑了单测量向量，又考虑了多测量向量，并且算法有很强的鲁棒性。

本章工作总结如下：研究了基于小波分析和压缩感知的认知无线电频谱感知与检测，首先，提出了小波熵认知无线电频谱感知与检测技术。推导了小波熵的计算表达式。根据小波变换和小波包变换理论，小波熵频谱感知比小波包熵频谱感知有较低的算法复杂度。根据信息不增性原理，小波熵频谱感知比小波包熵频谱感知有较低的检测概率，理论分析和仿真结果表明小波熵频谱感知也是一种性价比高的可用于实际的频谱感知方案。接着，提出了基于卡尔曼滤波的稀疏信号的稀疏阶估计技术。稀疏信号的稀疏阶是一个未知时变的重要参数，在压缩感知理论中，稀疏信号的稀疏阶通常认为是已知的，并且取统计最大值，这是不符合实际的。仿真结果表明：我们提出的基于卡尔曼滤波的稀疏信号的稀疏阶估计技术，能够把稀疏信号的稀疏阶可靠地估计出来，有了稀疏信号的稀疏阶，就可以减小稀疏信号的重构误差，为进一步改善频谱感知性能奠定基础。

第6章 总结与展望

6.1 总　结

本书进行了认知无线电频谱感知与检测技术研究。针对认知无线电中，频谱检测技术发展情况，进行不同场景下的频谱检测技术研究。首先，研究了广义衰落信道下多天线协作信号检测技术；其次，研究了两步复合协作信号检测技术；最后，研究了非协作信号检测技术，包括小波熵信号检测技术和卡尔曼滤波稀疏信号的稀疏阶估计技术。

（1）研究了在广义衰落信道下多天线协作频谱感知与检测技术，提出了用 MGF 方法分析 κ-μ 衰落信道和 η-μ 衰落信道的频谱感知性能。在 κ-μ 衰落信道条件下，分析了 κ-μ 衰落信道单天线频谱感知性能、MRC 多天线分集的频谱感知性能和 SLC 多天线分集的频谱感知性能。在 η-μ 衰落信道条件下，分析了 EGC 多天线分集的频谱感知性能。在以上各种情形下，推导出它们的平均检测概率的闭式表达式。具体地说，提出了用 MGF 方法在广义衰落信道下分析认知无线电频谱感知与检测技术性能，包括 κ-μ 衰落信道下单天线频谱感知性能分析、κ-μ 衰落信道下 MRC 和 SLC 多天线频谱感知性能分析与 $\eta-\mu$ 衰落信道下 EGC 多天线频谱感知性能分析。推导了基于 MGF 方法的 $\kappa-\mu$ 衰落信道单天线频谱感知平均检测概率闭式表达式，分析了 $\kappa-\mu$ 衰落信道参数 κ 和 μ 的变化对频谱感知性能的影响。推导了基于 MGF 方法的 $\kappa-\mu$ 衰落信道多天线 MRC 和 SLC 频谱感知平均检测概率闭式表达式，推导了基于 MGF 方法的 η-μ 衰落信道多天线 EGC 频谱感知平均检测概率闭式表达式。

（2）研究了认知无线电协作频谱感知与检测技术，提出了两步复合协作的频谱感知与检测方案。提出的两步复合协作频谱检测方案，只在网络中传输 1 bit 硬决定信息，与经典软联合检测方案相比，减小了网络负载。无论是在特殊的 Nakagami-m 衰落信道下，还是在广义的 κ-μ 衰落信道下，仿真结果验证了提出的两步复合协作频谱感知方案比经典的硬协作频谱检测性能有显著改善。具体地说，推导了 Nakagami-m 衰落信道下 SLC 软协作的两步复合协作平均检测概率闭式表达式。推导了 κ-μ 衰落信道下 MRC 和 SLC 软协作的两步复合协作平均检测概率闭式表达式。仿真结果验证了提出的两步复合频谱感知方案不管是在特殊的 Nakagami-m 衰落信道条件下，还是在广义的 κ-μ 衰落信道条件下都呈现出良好的检测性能，体现了特殊与一般的统一。提出的两步复合协作频谱感知方案，检测性能兼有硬决定融合和软数据融合的优点，检测性能显著提高。

（3）研究了基于小波分析和压缩感知的认知无线电频谱检测技术，提出小波熵认知无线电频谱检测技术。在小波变换频谱感知、小波包变换频谱感知和小波包熵频谱感知的基础上，提出小波熵认知无线电频谱检测技术。接着，提出了基于卡尔曼滤波的稀疏信号的稀疏阶估计技术。既考虑了单测量向量的稀疏阶估计，又考虑了多测量向量的稀疏阶估计，并且仿真结果表明，提出的基于卡尔曼滤波的稀疏信号的稀疏阶估计技术有很强的鲁棒性。具体地说，提出了小波熵的认知无线电频谱感知与检测技术。推导了小波熵的计算表达式，和小波包熵认知无线电频谱感知相比，小波熵的认知无线电频谱感知算法有较低的计算复杂度和较小的频谱感知时间，并且仿真结果表明算法有很强的鲁棒性。提出了基于卡尔滤波的单测量向量的稀疏阶估计算法和基于卡尔曼滤波的多测量向量的稀疏阶估计算法。有了稀疏信号的稀疏阶，就能低成本地、有效可靠地恢复出稀疏信号，提高压缩感知频谱感知的性能，并且仿真结果表明算法有很强的鲁棒性。

6.2 展　望

目前，我们对认知无线电频谱感知技术的研究取得了一定成果，然而由于时间及精力所限，研究过程中还有一些可以进一步完善和改进的地方，这些不足也是进行后续研究的方向，主要有以下几点。

（1）对信号联合检测主要考虑了集中式联合检测，包括硬决定联合检测和软数据联合检测，除了集中式联合检测，还有两种联合式检测：分布式联合频谱检测方法不同于集中式联合频谱检测方法，没有一个融合中心，因此，它不依赖融合中心做协同决策。首先，每个认知用户独立地执行局部频谱感知，然后认知用户跟相邻的其他协作用户交换信息，根据自己的感知信息和相邻用户的交换信息，作出主用户是否占用授权频段的判决。中继辅助式联合检测方法，在条件恶劣的通信环境中，因为感知信道和报告信道都不是理想信道，CR用户在实际检测中可能会遇到比较差的感知信道和比较好的报告信道，也可能会遇到比较理想的感知信道和比较不理想的报告信道，这样，它们可以相互协作和补充，从而提高协作感知的性能。各种不同的信道可能遭受干扰和噪声的影响，这样，可以通过中继辅助联合检测，达到提高检测性能的目的。

在将来的研究中，针对分布式联合检测和中继辅助式联合检测这两种联合检测方案会有新的突破。

（2）对于基于认知OFDMA系统中的频谱感知没有涉及，OFDM是第五代移动通信的核心技术，是实现OFDMA的基础，研究基于认知OFDMA系统中的频谱感知，有广阔的应用前景和现实意义。

经过近40年的发展，OFDM已经成为高速无线传输的热门技术之一，OFDM的许多优秀特征与CR的要求相符，其中最为关键的一点在于，CR的频谱成形技术可以通过OFDM的子载波关闭实现，因此，OFDM公认为CR传输首选技术。目前认知OFDM方面有很多丰硕的研究成果。

在今后的研究工作中，针对基于认知OFDMA系统中的频谱感知，投入更大的时间和精力。

（3）对于压缩感知频谱感知，讨论了基于卡尔曼滤波的稀疏信号的稀疏阶估计技术，包括单测量向量的稀疏信号的稀疏阶估计技术和多测量向量的稀疏信号的稀疏阶估计技术，为稀疏信号的精确恢复奠定了基础。在压缩感知理论中，稀疏信号的精确恢复依赖于信号的稀疏阶，也就是稀疏信号非零向量的个数。稀疏信号的稀疏阶在压缩感知中是一个非常重要的参数，它不仅是不知道的，而且是时变的。在当前压缩感知信号恢复算法中，稀疏信号的稀疏阶通常认为是已经知道的，并且取统计最大值。为了精确地恢复稀疏信号，并且减小信号恢复成本，估计稀疏信号的稀疏阶的值是很有必要的，并且，在信号恢复过程中，抽样数要随着稀疏信号的稀疏阶动态地变化。现存的压缩感知恢复算法有基追踪BP、GP、匹配追踪MP、正交匹配追踪OMP、ROMP、SOMP、FOCUSS、M-BMP、M-FOCUSS等，今后的研究工作要在这个基础上，把基于卡尔曼滤波的稀疏阶估计技术和稀疏信号重构结合起来，有待进一步的创新。

（4）认知无线网络具有以下特征：认知智能特性，端到端全局优化，主动多域认知，网元可重配置。认知无线网络和绿色通信的关系包括两点：一是基于认知无线网络，网元可通过认知信息流获取重配置因素；二是通过重配置可以统一规划和改变终端的软件来省掉重复建设。在认知无线电里需要联合资源管理，包括在多域中的无线资源管理，调度的方式以及资源利用率和能量利用率为目标的全局优化。动态的频谱管理可以在认知无线环境的基础上，自适应选择信道衰落相对较小的频谱和相应的方式进行发射，使得发送功率最小，降低干扰提高吞吐量。设计高效协议，降低信令等开销的同时，也降低了多余的功耗，实现了节能的环保目的[100]。

绿色无线通信的目标：一是降低无线网络的能耗，应当重点提高基站系统各个部件的使用效率，诸如功率放大器、数字处理器件，并在基站的工作模式方面进行合理的设计，提高整个基站系统的运行效率。二是提高网络间的协作水平：当前的移动通信网络，是多个同构网和异构网的不断融合。因此为实现整个移动通信网络的资源优化和高能效，需要对网络内部以及不同网络间的信息交互和协作进行优化，降低网络融合带来的开销。例如，对室外小区、家庭或公司基站、多跳网络、中继网络的部署以及各个网络间资源的优化利用、干扰协调以及频谱均衡等方面进行合理的设计。

绿色无线通信的指标有以下两个。

（1）能耗率（ECR）。

$$\mathrm{ECR}=\frac{\text{能耗量}}{\text{传输的数据比特数}} \tag{6-1}$$

ECR 是指单系统下，传输每比特信息所消耗的能量，它由系统消耗的总能量除以通信过程所传输的比特数得到。该参数指示了通信系统的能效水平。在通信过程中，应尽量使该参数的值低于一定的阈值标准，以降低总的系统能耗。

（2）能耗增益（ECG）。

$$\mathrm{ECG}=\frac{\text{参考系统的能耗}}{\text{测试系统的能耗}} \tag{6-2}$$

该参数用来指示在传输相同比特数的前提下，参考系统的能耗与某一测试系统的比例水平。若 ECG>1，则说明测试系统的能效更高。

需要说明的是，上述两个参量中的能耗为运营能耗与设备能耗的和。

绿色频谱感知与检测技术研究，也就是既节约能效又环保的频谱检测方法的研究，是下一步我们研究的一个方向。

参 考 文 献

[1] ITU-R M. 2078. Estimated spectrum bandwidth requirements for the future development of IMT-2000 and IMT-Advanced [R]. 2006.

[2] 国内外频谱管理与优化的研究 [EB/OL].(2015-01-23) [2018-10-11]. http://rf. eefocus. com/article/id-UHF? p=1.

[3] MALIK S A, ALI SHAH M, DAR A H, et al. Comparative analysis of primary transmitter detection based spectrum sensing techniques in cognitive radio system [J]. Australian journal of basic and applied sciences, 2010, 4 (9): 4522-4531.

[4] PEHA J M. Approaches to spectrum sharing [J]. IEEE communications magazine, 2005, 43 (2): 10-12.

[5] LEAVES P, MOESSNER K, TAFAZOLLI R, et al. Dynamic spectrum allocation in composite reconfigurable wireless networks [J]. IEEE communications magazine, 2004, 42 (5): 72-81.

[6] ZHAO Q, SADLER B M. A survey of dynamic spectrum access: signal processing, networking, and regulatory policy [J]. IEEE signal processing magazine, 2007, 24 (3): 79-89.

[7] WEISS T. A, JONDRAL F K. Spectrum pooling: an innovative strategy for the enhancement of spectrum efficiency [J]. IEEE communications magazine, 2004, 42 (3): 8-14.

[8] AKYILDIZ I F, LEE W Y, VURAN M C, et al. Next generation/dynamic spectrum access/cognitive radio wireless networks: a survey [J]. Computer networks, 2006, 50 (13): 2127-2159.

[9] WANG B B, LIU K J R. Advances in cognitive radio networks: a survey [J]. IEEE journal of selected topics in signal processing, 2011, 5 (1): 5-23.

[10] JONDRAL F K. Software-defined radio: basis and evolution to cognitive radio [J]. EURASIP Journal on Wireless Communications and Networking, 2005.

[11] MITOLA J. Cognitive radio [M]. Stockholms, Sweden: Royal Institute of Technology, 2000.

[12] YUCEK T, Arslan H. A survey of spectrum sensing algorithms for cognitive radio applications [J]. IEEE Communications Surveys & Tutorials, 2009, 11 (1): 116-130.

[13] 郭彩丽，冯春燕，曾志民．认知无线电网络技术及应用 [M]. 北京：电子工业出版社，2010.

[14] DARPAXG WG. The XG Architectural Framework V1. 0 [R]. 2003.

[15] FP6 End-to-End Configurability (E2R Ⅱ) Integrated Project [R]. Available: http://www. e2r2. motlabs. com.

[16] 冯志勇，张平，张奇勋，等．认知无线网络理论与关键技术 [M]. 北京：人民邮电出版社，2011.

[17] Kolodzy P, et al. Next generation cominunications [C]. Kick off meeting, IEEE DARPA, 2001.

[18] DIGHAM F F, ALOUINI M S, SIMON M K. On the energy detection of unknown signals over fading channels [J]. IEEE transactions on communications, 2007, 55 (1): 21-24.

[19] 王再励．认知无线网络中的协作频谱检测技术研究 [D]. 北京：北京邮电大学, 2011.

[20] URKOWITZ, H. Energy detection of unknown deterministic signals [J]. Proceedings of the IEEE, 1967, 55 (4): 523-531.

[21] SHANKAR N S, CORDEIRO C, CHALLAPALI K. Spectrum agile radios: utilization and sensing architectures [C]// First IEEE international symposium on new frontiers in dynamic spectrum access networks IEEE, 2005: 160-169.

[22] YUAN Y, BAHL P, CHANDRA R, et al. KNOWS: cognitive radio networks over white spaces [C]// IEEE international symposium on new frontiers in dynamic spectrum access networks. IEEE, 2007: 416-427.

[23] CABRIC D, MISHRA S M, BRODERSEN R W. Implementation issues in spectrum sensing for cognitiveradios [C]// Int. conference on signals, systems and computers, 2004: 772-776.

[24] CHEN K C, PRASAD R. 认知无线电网络 [M]. 许方敏，李虎生，译．北京：机械工业出版社, 2011.

[25] ENSERINK S, COCHRAN D. A cyclostationary feature detector [C]. Asilomar Conference on Signals, 1994: 806-810.

[26] EDWARD PEH C Y, LIANG Y. C. Optimization for cooperative sensing in cognitive radio networks [C]. IEEE wireless Communications and Networking Conference, 2007: 27-32.

[27] ZHANG Y. HE Z F, SHI Y, et al. Simulation and analysis spectrum sensing methods in cognitive radio network [C]. 2011 6th ICPCA, 2011: 407-411.

[28] 温志刚．认知无线电频谱检测理论与实践 [M]. 北京：北京邮电大学出版社, 2011.

[29] GANESAN G, LI Y. Operative spectrum sensing in cognitive radio, part 1: two user networks [J]. IEEE trans. wireless commun. June 2007, 6(6): 2204-2213.

[30] FAN R, JIANG H. Optimal multi-channel cooperative sensing incognitive radio networks [J]. IEEE trans. wireless commun, 2010, 9 (3): 1128-1138.

[31] LETAIEF K B, ZHANG W. Cooperative communications for cognitive radio networks [C]. Proceedings of the IEEE. 2009, 97 (5): 878-893.

[32] SIMON M K, ALOUINI M S. Digital communication over fading channels [M]. 2nd ed. Hoboken: John Wiley & Sons, Inc., 2004.

[33] GRADSHTEYN I S, RYZHIK M. Table of integrals, Series, and product [M]. 5th ed. San Diego; Jeffrey, A. Jeffrey, Ed. Academic Press, Inc, 1994.

[34] SOFOTASIOS P C, FIKADU M K, HO-VAN k, et al. Energy detection sensing unknown signals over weibull fading channels [C]. International Conference on ATC, 2013: 414-419.

[35] GHASEMI A, SOUSA E S. Collaborative spectrum sensing for opportunistic access in fading environments [C]. 1 st TEEESyTp. New Frontiers in Dynamic Spectrum Access Networks, Baltimore, USA, 2005: 131-136.

[36] NALLAGONDA S, ROY S. D, KUNDU S. Performance of cooperative spectrum sensing in fading channels [C]. IEEE Inter. Conf on Recent Advances in Information Technology, 2012: 1-6.

[37] 吴伟陵，牛凯．移动通信原理 [M]. 2 版. 北京：电子工业出版社，2009.

[38] SUN H, NALLANATHAN A, JIANG J, et al. Cooperative spectrum sensing with diversity reception in cognitive radios [C] // International ICST Conference on Communications & Networking in China, 2012: 216-220.

[39] PROAKIS J G. Digital communications [M]. 4 th ed. New York: McGra-Hill, fourth ed, 2001.

[40] STIIBER G L. Principles of mobile communications [M]. 2nd ed. Norwell, MA: Kluwer Academic Publishers, 2000.

[41] Nuttall A H. Some integrals involving the Q-function [M]. Naval Under water Systems Center (NUSC) technical report, 1974.

[42] 丁玉美，阔永红，高新波．数字信号处理 [M]. 西安：西安电子科技大学出版社，2002.

[43] 付梦印，邓志红，闫丽萍．Kalman 滤波及其在导航系统中的应用 [M]. 2 版．北京：科学出版社，2010.

[44] 苏变萍，陈东立．复变函数与积分变换 [M]. 2 版．北京：高等教育出版社，2009.

[45] 吴伟陵．信息处理与编码 [M]. 2 版．北京：人民邮电出版社，2003.

[46] AKYILDIZ I F, LEE W Y, CHOWDHURY K R. CRAHNs: Cognitive radio ad hoc networks [J]. Ad Hoc Networks, 2009, 7 (5): 810-836.

[47] MOSTAFA M, MAHBOOBI B, ARDEBILIPOUR M. Non-linear space-time Kalman filter for cooperative spectrum sensing in cognitive radios [J]. IEEE communications letter, 2014, 8 (1): 92-104.

[48] DIGHAM F F, ALOUINI M S, SIMON M K. On the energy detection of unknown signals over fading channels [C]. IEEE Int. Conf. Commun, 2003, 5: 3575-3579.

[49] NALLAGONDA S, BANDARI S K, ROY S D, et al. Performance of cooperative spectrum sensing with soft data fusion schemes in fading channels [C]. India Conference, 2014: 1-6.

[50] HERATH S P, RAJATHEVA N, TELLAMBURA C. Energy detection of unknown signals in fading and diversity reception [J]. IEEE transactions, communications, 2011, 59 (9): 2443-2453.

[51] HERATH S. P, RAJATHEVA N, TELLAMBURA C. Unified approach for energy detection of unknown deterministic signal in cognitive radio over fading channels [C]. IEEE interna-

tional. conference. Communications worksshops, 2009: 1-5.

[52] PARIS J F. Statistical characterization of $\kappa-\mu$ shadowed fading [J]. IEEE transactions, vehicular technology, Feb. 2014, 63 (2): 518-526.

[53] ALOQLAH M. Performance analysis of energy detection-based spectrum sensing in $\kappa-\mu$ shadowed fading [J]. IEEE electronics lett, 2014, 50 (25): 1944-1946.

[54] GEETHA C, KALYANI S. Performance analysis of cooperative spectrum sensing over $\kappa-\mu$ shadowed fading [J]. IEEE wireless communications letter, 2015, 4 (5): 553-556.

[55] SAMAN A, TELLAMBURA C, JIANG H. Energy detection of primary signals over $\eta-\mu$ fading channels [C]. IEEE International Conference on Industrial and Information Systems, 2009: 118-122.

[56] GURUGOPINATH S. Energy-based bayesian spectrum sensing over $\kappa-\mu$ and $\kappa-\mu$ extreme fading channels [C]. Twenty First National Conference on Communications (NCC), 2015: 1-6.

[57] SOFOTASIOS P C, BAGHERI A, TSIFTSIS T A, et al. A comprehensive framework for spectrum sensing in non-linear and generalized fading conditions [J]. IEEE transactions on vehicular technology, 2017, 66 (10): 8615-8631.

[58] SOFOTASIOS P C, REBEIZ E, ZHANG L, et al. Energy detection based spectrum sensing over $\kappa-\mu$ and $\kappa-\mu$ extreme fading channels [J]. IEEE transactions on vehicular technology, 2013, 62 (3): 1031-1040.

[59] COSTA D B D, YACOUB M D. Moment generating functions of generalized fading distributions and applications [J]. IEEE communications letter, 2008, 12 (2): 112-114.

[60] ERMOLOVA N Y. Moment generating functions of the generalized $\eta-\mu$ and $\kappa-\mu$ distributions and their applications to performance evaluations of communication systems [J]. IEEE communications letter, 2008, 12 (7): 502-504.

[61] CARLOS C, CHALLAPALI K, DAGNACHEW B, et al. IEEE 802.22: an introduction to the first wireless standard based on cognitive radios [J]. Journal communication, 2006, 1 (1): 38-47.

[62] ALMALFOUH S M, STUBER G L. Uplink resource allocation in cognitive radio networks with imperfect spectrum sensing [C]. IEEE vehicular technology conference (VTC 2010-Fall), 2010: 1-6.

[63] MA J, G. ZHAO G D, LI Y. Soft combination and detection for cooperative spectrum sensing in cognitive radio networks [J]. IEEE transaction wireless commun, 2008, 7 (11): 4502-4507.

[64] MA J, LI Y. Soft combination and detection for cooperative spectrum sensing in cognitive radio networks [C]. IEEE global telecommunication conference, 2007: 3139-3143.

[65] MEKKI S, DANGER J I, MISCOPEIN B, et al. Chi-squared distribution approximation for probabilistic energy equalizer implementation in impulse-radio UWB receiver [C]. IEEE

Singapore International Conference Communication System, 2008: 1539-1544.

[66] MEKKI S, DANGER J L, MISCOPEIN B, et al. Probabilistic equalizer for ultra-wideband energy detection [C]. IEEE Vehicular Technology Conference (VTC) 2008-Spring, 2008: 1108-1112.

[67] KRANTZ S G. Handbook of complex variables [M]. Birkhuser Boston, 1999.

[68] TEGUIG D, SCHEERS D B, NIR V L. Data fusion schemes for cooperative spectrum sensing in cognitive radio networks [C]//Communications and Information System. Conference, 2012: 1-7.

[69] LI Z Q, SHI P, CHEN W P, et al. Square-law combining double-threshold energy detection in nakagami channel [J]. International journal of digital content technology and application, 2011, 5 (12): 307-311.

[70] SUN H. Collaborative spectrum sensing in cognitive radio networks [D]. Edinburgh: The Universityof Edinburgh, 2011.

[71] YACOUB M D. The $\kappa-\mu$ distribution and the $\eta-\mu$ distribution [J]. IEEE antennas and propagation magazine, 2007, 49 (1): 68-81.

[72] LIU Y X, YUAN D F, JIANG M Y, et al. Analysis of square-law combining for cognitive radios over Nakagami channels [C]. 5th International Conference on Wireless Communications, Networking and Mobile Computing, 2009: 1-4.

[73] NALLAGONDA S, ROY S D, KUNDU S, et al. Performance of MRC fusion-based cooperative spectrum sensing with censoring of cognitive radios in rayleigh fading channels [C]. 9th International Wireless Communications and Mobile Computing Conference, 2013: 30-35.

[74] LAI J, DUTKIEWICZ E, LIU R P, et al. Performance optimization of cooperative spectrum sensing in cognitive radio networks [C]. IEEE Wireless Communications and Networking Conference, 2013: 631-636.

[75] Brennan L, REED I. A recursive method of computing the Q-function [J]. IEEE transactions on information theory, 1965, 11 (2): 312-313.

[76] GRADSHTEYN I S, RYZHIK I M. Table of integrals, series and products [J]. Mathematics of computation, 1965, 20 (96): 1157-1160.

[77] VISOTSKY E, KUFFNER S, PETERSON R. On collaborative detection of TV transmissions in support of dynamic spectrum sharing [C]. First IEEE International Symposium on New Frontiers in Dynamic Spectrum Access Networks, 2005: 338-345.

[78] AALO V, VISWANATHAN R. Asymptotic performance of a distributed detection system in correlated Gaussian noise [J]. IEEE transactions on signal processing, 1992, 40 (1): 211-213.

[79] YE Z, GROSSPIETSCH J, MEMIK G. Spectrum sensing using cyclostationary spectrum density for cognitive radios [C]. IEEE Workshop Signal Processing Systems, October 2007: 1-6.

[80] JIANG Z L, ZhANG Q Y, WANG Y, et al. Wavelet packet entropy based spectrum sensing in cognitive radio [C]. IEEE 3rd International Conference Communication Software and Networks, 2011: 293-298.

[81] 沈民奋，黎展程，孙丽莎．小波包熵在脑电信号分析中的应用 [J]．数据采集与处理，2005，20 (1)：48-53.

[82] 何正友，刘志刚，钱清泉．小波熵理论及其在电力系统中应用的可行性探讨 [J]．电网技术，2004，28 (21)：17-21.

[83] 张荣标，胡海燕，冯友兵．基于小波熵的微弱信号检测方法研究 [J]．仪器仪表学报，2007，28 (11)：2078-2083.

[84] QUAN Z, CUI S G, POOR H V, et al. Collaborative wideband sensing for cognitive radios [J]. IEEE signal process. Mag, 2008, 25: 60-73.

[85] VASWANI N. Kalman filtered compressed sensing [C]. 15th IEEE Int. Conf. Image Process. SanDiego, California, 2012: 893-896.

[86] CARMI A, GURFIL P, KANEVSKY D. Methods for sparse signal recovery using kalman filtering with embedded pseudo-measurement norms and quasi-norms [J]. IEEE trans. signal process, 2010, 58 (4): 2405-2409.

[87] WANG Y. TIAN Z, FENG C Y. Sparsity order estimation and its application in compressive spectrum sensing for cognitive radios [J]. IEEE Trans. Wireless Commun, 2012, 11 (6): 2116-2125.

[88] BOUFOUNOS P, DUARTE M F, BARANIUK R G. Sparse signal reconstruction from noisy compressive measurements using cross validation [C]. IEEE/SP 14th Workshop on Statistical Signal Process, 2007: 299-303.

[89] QUINLAN A, BARBOT J P, LARZABAL P, et al. Model order selection for short data: an exponential fitting test (EFT) [J]. Eurasip J. applied signal process. 2007: 071953.

[90] LAVRENKO A, RÖMER F, GALDO G D, et al. An empirical eigenvalue-threshold test for sparsity level estimation from compressed measurements [C]. IEEE Signal Process. Conf. 2014: 1761-1765.

[91] SHARMA S K, CHATZINOTAS S, OTTERSTEN B. Compressive sparsity order estimation for wideband cognitive radio receiver [J]. IEEE trans. signal process, 2014, 62 (19): 4984-4996.

[92] WORNELL G W, GAUMAND C F. Signal processing with fractals: a wavelet-based approach [J]. The journal of the acoustical society of america, 1999, 105 (1): 18.

[93] CHANDRAN A, KARTHIK R A. KUMAR A, et al. Discrete wavelet transform based spectrum sensing in Futuristic cognitive radios [C]. International Conference on Devices and Communications, 2011: 24-25.

[94] HE Z Y, CAI Y N, QIAN Q Q. A study of wavelet entropy theory and its application in power system [C]. IEEE 2004 International Conference on Intelligent Mechatronics Automation,

2004：847-851.

[95] YOUN Y, JEON H, JUN H, et al. Discrete wavelet packet transform based energy detector for cognitive radios [C]. IEEE Vehicular Technology Conference, 2007：2641-2645.

[96] LI S, WANG J Q, XIJIN J. Nonacoustic sensor speech enhancement based on wavelet packet entropy [C]. WRI World Congress on Computer Science & Information Engineering, 2009：47-450.

[97] BLANCO S, QUIROGA R Q, Rosso O A, et al. Time-frequency analysis of electroencephalogram series [J]. Physical review E, 1995, 51 (3)：2624-2631.

[98] FAN C L, DING Y H, REN X. Wavelet entropy applied in gas-liquid two-phase flow [C]. IEEE Control Conference, 2013：8623 - 8627.

[99] SHEN T B, HUANG L Y, ZHAO C S, et al. Energy detection based spectrum sensing for cognitive radios in noise of uncertain power [C]. International Symposium on Communications and Information Technologies, 2008：628-633.

[100] 陶小峰，崔琪楣，许晓东，等．4G/B4G关键技术及系统 [M]. 北京：人民邮电出版社，2011.

[101] DAYID L. Compressed sensing [J]. IEEE trans. information theory, 2006, 52 (4)：1289-1306.

[102] CANDES E J, TAO T. Near-optimal signal recovery from random projections universal encoding strategies [J]. IEEE trans. information theory, 2006, 52 (12)：5406-5425.

[103] HERMAN M A, STROTHMER. High-resolution radar via compressed sensing [J]. IEEE transations on signal Processing. 2009, 57 (6)：2275-2284.

[104] BAJWA W U, HAUPT J, SAYEED AM, et al. Joint source-channel communication for distributed estimation in sensor networks [J]. IEEE trans. information theory, 2007, 53 (10) 3269-3653.

[105] HEIDARI A, SAEEDKIA D. A2D camera design with a single-pixel detector [C]. Int. Conf. on infrared, MTW, 2009.

[106] LUSTIG M, DONOHO D, PAULY J M. Sparse MRI：the application of compressed sensing for rapid MR imaging [J]. Magnetic resonance in medicine, 2007, 58 (5)：1182-1195.

[107] FENG C, AU W S A, VALAEE S, et al. Compressive sensing based positioning using RSS of WLAN access points [C]. IEEE Proceedings on INFOCOM, 2010, 1-9.

[108] TAUBOCK G, HLAWARSCH F. A compressed sensing technique for OFDME channel estimation in mobile environments：exploiting channel sparsity for reducing pilots [C]. IEEE Int. Conf. on Acoustics, speech, and signal processing, 2008.

[109] TIAN Z, GIANNAAKIS G B. Compressed sensing for wideband cognitive radios [C]. ICASSP 2007, 1357-1360.

[110] TIAN W B, RUI G S. Reconstruction method for unknown sparsity noisy signals based on

Kalman filtering matching pursuit [C]. IEEE International Conference Communication Technology,2012: 1231-1235.

[111] ZDUNEK R, CICHOCKI A. Improved m-focuss algorithm with overlapping blocks for locally smooth sparse signals [J]. IEEE transaction signal process, 2008, 56 (10): 4752-4761.

[112] FIGUEIREDO M A T, NOWAK R D, WRIGHT S J. Gradient projection for sparse reconstruction: application to compressed sensing and other inverse problems [J]. IEEE journal of selected topics in signal processing, 2007, 1 (4): 586-597.

[113] CHEN S S, DONOHO D L, SAUNDERS M A. Atomic decomposition by basis pursuit [J]. SIAM Journal on scientific computing, 1998, 20 (1): 33-61.

[114] MALLAT S G, ZHANG Z F. Matching pursuits with time-frequency dictionaries [J]. IEEE transactions on signal processing, 1993, 41 (12): 3397-3415.

[115] TROPP J A, GILBERT A C. Signal recovery from random measurements via orthogonal matching pursuit [J]. IEEE transactions on information theory, 2008, 53 (12): 4655-4666.

[116] NEEDELL D, VERSHYNIN R. Greedy signal recovery and uncertainty principles [C]. Proceedings of the Conference on Computational Imaging, San Jose, USA, SPIE, 2008: 1-12.

[117] NEEDELL D, VERSHYNIN R. Uniform uncertainty principle and signal recovery via regularized orthogonal matching pursuit [J]. Foundations of computational mathematics, 2009, 9 (3): 317-334.

[118] DO T T, GAN L, NGUYEN N, et al. Sparsity adaptive matching pursuit algorithm for practical compressed sensing [C]. Asilomar Conference on Signals Systems and Computers Pacific Grove, California, 2008.